# 美宿·设计美学

李辉 编
全球宿博会组委会 1%Club度假产业研究中心 策划

華中科技大學出版社
http://www.hustp.com
中国·武汉

**图书在版编目(CIP)数据**

美宿 ：设计美学 / 李辉编 . －武汉 ：华中科技大学出版社，2022.9
ISBN 978-7-5680-8458-1

Ⅰ.①美… Ⅱ. ①李… Ⅲ. ①旅游度假村－建筑设计 Ⅳ. ①TU247.9

中国版本图书馆CIP数据核字(2022)第113289号

**美宿·设计美学** 李辉 编

MEISU · SHEJI MEIXUE

出版发行：华中科技大学出版社（中国·武汉） 电话：（027）81321913
武汉市东湖新技术开发区华工科技园 邮编： 430223

策划编辑：彭霞霞 责任监印：朱 玢
责任编辑：叶向荣 封面设计：大金金
录 排：张 靖

印 刷：武汉精一佳印刷有限公司
开 本：710 mm×1000 mm 1/16
印 张：16.5
字 数：317千字
版 次：2022年9月第1版第1次印刷
定 价：79.80元

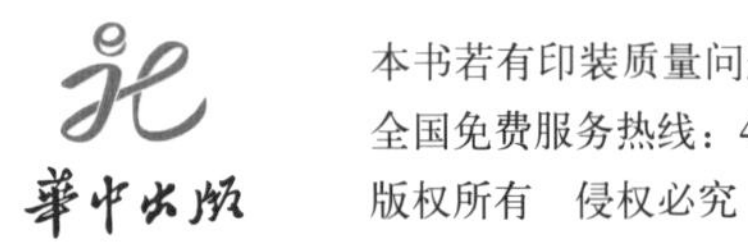

# / 他序

从 1984 年北京第一家五星级国际品牌酒店北京喜来登长城饭店和 1986 年上海第一家五星级国际品牌酒店上海喜来登华亭宾馆开始，国际品牌风起云涌地进入中国市场，从奢华品牌 BVLGARI、MO、W 和 AMAN 等到五星品牌 MARRIOTT、SHERATON、HILTON 和 INTERCONTINENTAL 等，高端市场几乎全部被国际品牌垄断，统一的品牌标准成了这些酒店成功的法宝。但随着消费者个性化需求的凸显，统一的品牌标准也成了这些国际品牌的软肋。于是在中国兴起了极具个性化特点的设计精品酒店：设计上就地取材，因地制宜，综合了东西方美学的精华；服务上汲取了国际品牌以人为本的服务理念，并充分融入了当地文化的精华；与国际品牌在高端市场形成了错位竞争。《美宿·设计美学》一书便应运而生，通过设计师对酒店设计的娓娓道来的诠释，将一个个独具中国美学特色的设计酒店呈现在读者面前。

**卞向阳**　东华大学教授、博士生导师 / 中国服装设计师协会副主席 / 上海时尚之都促进中心主任 / 上海纺织服装博物馆馆长

在有限的空间里，注入设计师无边的想象力和创造力，引发居住者的情绪共鸣，勾起他们对往事的回忆，对现实的思考，抑或对未来的洞悉，这就是本书的叙述者们所描述的美宿故事。他们把对每一片村庄和土地的热爱，对每一座古建筑的深情，糅合进自己设计或改造的房屋中，透过一扇窗、一道门、一面墙、一角楼梯、一根横梁、一圈篱笆的形状、颜色和朝向，透过自然光影的移动表现出来，让居住者能够迅速被包裹在此空间营造的氛围里，感受到他们的呼吸、用心和情绪。在此时此刻，与整个空间融为一体，忘却世界、他人，甚至自己的存在，完全放松、放空，企及生命能量的最高状态。

在这样的美宿空间里，即使只生活一天，也可能成为一个人永生难忘的记忆。

**陈晓萍**　复旦大学《管理视野》执行主编 / 美国华盛顿大学福斯特商学院讲席教授

度假是发达国家人们生活中不可缺少的一部分，也是中国度假的必然趋势。中国度假市场未来发展潜力巨大，好友李辉编写的这本《美宿·设计美学》应时而生，汇聚国内外设计大师备受推崇的度假产品，结合中国独特的文化、丰富的地理环境，与国外成熟的度假理念，智能化、可持续材料的应用，为中国度假产业提供了一个很好的参考和指引。本书对度假产业从业者和投资者来说，是值得一读再读的宝藏书籍。

**陈玉东** 美国密歇根大学博士 / 博世中国总裁

There is an oft-quoted adage regarding architecture that form follows function. Yet how we design an edifice both inside and out speaks to so much more. A building is not just what we do, but how we see ourselves, how we inspire ourselves. This book of design aesthetics for the resort industry speaks to that—how architecture elevates us. In this way what we build is more than architecture: it is art.

关于建筑，有一句常被引用的格言，即形式追随功能。 然而，我们从内到外设计一座建筑却远不止于此。通过一座建筑不仅仅能反映出我们做了什么，还能引导我们如何找到自己和激励自己。这本书中谈到了这一点——建筑如何提升我们的内涵。 通过这种方式，我们建造的不仅仅是建筑，也是艺术。

**大卫·杰克逊（David Jackson）**

Solitaire Partners 董事长

上海虹桥海外贸易中心合作促进会的合作伙伴“全球宿博会”继去年出版第一本聚焦度假产业发展著作《美宿·新经济Ⅰ》后，今年继续出版本系列的第二本，取名《美宿·设计美学》。本书的中外执笔者们为我们全面展示并深入剖析了一个个倾心打造的度假居住精品力作。怎一个“美”字了得！

我很高兴看到全球宿博会的主要组织者暨“趣住空间”全球文旅住宿酒店平台的创办者特别关注并推动国内外“美”的“民宿”交流合作。追求“美”就是追求“真”和“善”。追求真善美，跨越国家和种族，跨越不同文化和文明，是构建人类命运共同体的必然要素。

“真善美”的民宿是自然的也是人文的，是物质的也是精神的。它们融合自然、科技和人文，成于山水之间，生于人文之中，垒于百姓之手；是青山绿水、烟火人间的写照，是古往今来、雅俗共赏的源头，是美育素养、工匠精神的集大成者；是包容开放、中西交融、美美与共、心灵相通、文明互鉴的桥梁；是温暖彼此、触动心灵之所在。

中国正在经历美起来的进程。美宿是中外人文交流的重要载体。中国的美宿是中国符号、中国名片、中国特色，可以向世界贡献中国故事、中国方案、中国思想、中国智慧。《美宿·设计美学》是中国美起来大浪潮中的一朵美丽的浪花。

再次祝贺《美宿 · 设计美学》的出版!

**江波** 上海虹桥海外贸易中心合作促进会理事长 / 《建筑遗产》期刊顾问 / 法国法语区企业中心（上海）指导委员会主席

度假也是一种发现美、体验美、领悟美的过程，而设计美学在度假产业中扮演着越来越重要的角色。本书汇集国内外充满艺术感的度假产品，带领读者进入艺术的领域，感受到愉悦和美。度假之美承载了人们对美好生活的憧憬，透过本书我们看到中国度假产业的未来，也希望中国的度假从业者带给我们更多、更美的度假产品。

**刘志明** 中国社会科学院舆情实验室首席专家

五一长假，却因疫情被封在家，终于有时间清理书房。偶然翻出 20 多年来，由于自己职业的原因，飞来飞去而无意中收集的一堆星级宾馆的房卡，当时我纯粹的想法只是希望有朝一日能回忆那些旅程。但几经努力，记忆非常模糊，能回忆起来的几乎都是程序化的会议、宴请和宽大的床。忽然想起朋友寄给我的《美宿·设计美学》样书，翻来一阅，心灵为之振颤，一扫不能出行的阴霾，为那些设计大师发自心灵的创意所折服。他们最可贵的是将设计与自然相融合，将人文与建筑相交织，将个性与功能相配合，将人性梦想与商业价值相依托，令人神往，跃跃欲试。期待解封，立马成行。

**吕巍** 上海交大安泰经管学院战略营销教授 / 亚洲最佳营销教授获得者

A quiet revolution in design and architecture is taking place: China based designers and architects are bringing to the world their extraordinary aesthetics often based on a harmonious vision of the world – allowing for the coexistence of our environment and society. These architects and designers have various visions, but they often bring together the best of Chinese outstanding history in the arts and western architectural tradition. Integration and harmony are keywords that drive their creativity.

Global architects and China based architects now work alongside and lead game changing projects in retail, offices and residences . High-end vacation projects from 17 outstanding designers – all presented in "Design Aesthetics" – testify to the vitality of this global movement.

As a professor of marketing and a fragrance entrepreneur leading our family heritage brand, I have been a witness to this both in retail and in hospitality: some of the most innovative concepts come from Asia and particularly from China.

We must thank Li Hui and his company BNBtrip for his extraordinary vision that both serves the hospitality industry and showcases this China-based quiet revolution in design and architecture – thus serving the "Created & Designed in China" project.

一场设计和建筑的革命正在悄然发生：中国的设计师、建筑师正在向世界展现他们非凡的美学，这基于他们对世界的和谐愿景——允许环境和社会共存。这些建筑师和设计师有着独特的视角，但他们往往将中国优秀历史艺术与西方建筑传统的精华融为一体。整合与和谐是推动他们创造力的关键词。

全球建筑师和中国建筑师现在合作并引导着零售、办公室、住宅项目的变革。本书展示的 17 位杰出设计师的高端度假项目证明了这一全球变革的活力。

作为营销学教授和家族传承香水品牌的总裁，我在零售业和酒店业都见证了这一点：一些最具创新性的概念来自亚洲，尤其是中国。

我们必须感谢李辉和他的公司“趣住空间”的非凡愿景，既服务于酒店业，又展示了在中国悄然发生的设计与建筑的革命，从而服务于“中国创造与设计”度假项目。

**米歇尔・古泽兹（Michel Gutsatz）**

法国 Kedge 商学院副院长 / Le Jardin Retrouvé 总裁

宿泊施設のデザインとは、その土地で作られた文化や、その土地で無意識に作られた風土・を感じられるものです。著者の長年の体験に裏付けされた経験の蓄積が「美宿・デザイン美学」を生み出しました。

住宿设计是为了让人们感受到该地区所创造的文化及在不经意间所孕育出来的风土人情。新书《美宿・设计美学》包含编著者长年积累的经验。

**马场九洲夫** 真右工门株式会社董事长

高端度假酒店的开发与设计是当下一个热度越来越高，融合了艺术与科学、商业与美学、人文与历史的课题。酒店人李辉编写的《美宿・设计美学》为度假人提供了一个美学的视角去了解度假产业。书中设计师们用极致的专业性与工匠精神，经由系统的设计规划，在赋予了度假项目艺术生命的同时，也充分满足了酒店的功能需求，值得度假人学习和借鉴。

**任建标** 上海洛桑酒店管理学院（SLH）院长

如果可以逃离城市和人群，来山水之间的某个村落，踩着某条古道上的青石板，去寻找诗和远方中的那栋美丽的房子，在那里可居、可游，过上几天文人隐士的生活……这个梦对于我们这些在魔都工作的艺术家来说不仅是梦而且是基本的需求，我喜爱本书设计师们塑造的一个个魔幻现实主义的民宿，每一个民宿都是一件艺术品，充满了变化和个性。翻阅这本书对我来说就有一种卧游的乐趣，这难道不是一个极好的旅行攻略吗？这么有设计理念的民宿乌托邦怎么能错过！去一个一个住一遍岂不是一件人生妙事？走起！

**孙韵** 上海音乐学院教授、硕士生导师

留美钢琴演奏博士

从翻开《美宿・设计美学》的第一页开始，你已经开启了高品质度假酒店之旅。设计师们所引领的东方高端生活方式，圆了美好生活的梦。准备打卡吧！

**王华** 法国里昂商学院副校长、亚洲校区校长

美宿是一种游客的度假住宿空间，一般规模较小，与一般的家庭旅馆、农家乐相比大多有一个典型差别——有专业的设计师，品位高奢。美宿在 20 世纪 90 年代传入我国以后发展很快。美宿设计费用总价相对较低，为设计师提供了独立创作的机会。《美宿・设计美学》汇集了国内外 17 位各具特色的设计大师的作品，如俞挺、罗旭、胡伟坚等，他们的艺术功底深厚，作品思想性很强，反映了当代优秀民宿设计的主流发展趋势。俞挺的作品“通过创造幻觉，让人继续思考在现实中的意义”。罗旭的作品“形成使人安静放松的建筑场所空间”。胡伟坚的作品“了解整体细节的全局观，合理调配有限的资源，使作品最终达到光美的效果”。他们的作品不仅是休闲住宿空间，更是精美的艺术品。本书对专业设计师有借鉴意义，普通游客也可以通过本书更深刻理解作品的内在含义。

**夏南凯** 同济大学建筑与城市规划学院教授、博士生导师 /

上海同济城市规划设计研究院有限公司资深总工

假日里，当我们忘情于如画的山水或摩登的都市时，下榻的酒店内那些别致而极富巧思的设计细节——从建筑到室内装饰，往往会给度假的我们打开另一扇门，引领我们进入一个充满惊喜的世界。本书让我们透过国内外 17 位实力派设计师的视角，去聆听他们创意背后的故事，去探寻他们的灵感所创造的别样之美，去感受假日生活的另一种享受。

**俞雷** 《Noblesse 望》主编 / Noblesse Media 董事总经理

度假酒店设计，也许要体现生活在家和生活在别处的统一，体现“实现了”和“如果实现就好了”的心理效应，体现“舒适”和“居然有这样舒适”的生理效应，体现“服务得好”和“我们也要这样的服务”的动力机制。体验这样的度假酒店就不仅是享受生活，而且是重启生命。

**袁岳** 零点有数董事长

繁忙劳碌的现代都市人，愈来愈憧憬着体验拥有独特自然景观的精品民宿、利用具有历史感的古建筑改建而成的特色酒店，这实际上是人们拥抱文化、安顿心灵的“形而下”表现。“趣住空间”作为有着较大行业影响力的综合平台，汇聚了行业最有代表性的设计作品，将憧憬变成了现实。李辉先生以行业深耕者的身份编写此书，为推动度假行业健康可持续发展做出了宝贵的探索。本书对满足度假市场的多元化需求，对乡村振兴的多维拓展具有极高的参考价值。

**赵普** 文化学者、著名主持人 / 中国匠人大会创建人

美是人类永恒的追求。经济越发展，国家越富强，民众对美的追求越强烈。随着消费者对度假体验需求的提高，酒店行业在设计上的投入也随之快速增长。本书汇总国内外众多设计大师极具特色的度假项目，极致地呈现出艺术赋能、文化内核与商业价值的完美融合，是一本极具代表性和创新性的度假项目指导书。本书通过设计师对项目的详细解析，让读者了解到一家家兼具艺术性与商业价值的酒店如何一步步落成，成为一个个让人流连忘返的度假目的地。

**周春生** 长江商学院教授 / 长江教育发展基金会理事长

美来自生活，是人类对生活环境的感知和体验。本书作为中国第一部关于度假设计美学的专著，并未笼统地讨论一般的美学原则，而是邀集海内外 17 位各具个性的业内专家，通过抒写各自的心路历程，分享各自的成功实践，传达关于设计美学的理念和追求。如此丰富广阔的视野，配以图文并茂的形式，不仅站在行业和学科前沿，生动描述了当前旅游度假业界的文化氛围和发展趋势，而且深入浅出，贴近生活，极具知识性和可读性，适合广大读者阅读收藏。

**周秦** 苏州大学教授、博士生导师 / 中国昆剧古琴研究会副会长

# 自序

## 行在路上，找寻度假美学

哲学家奥古斯丁曾说：世界是一本书，而不旅行的人只读了其中的一页。我喜爱旅行和阅读，这两样东西都积淀了我对人生的独特理解。我在一次次旅行的途中，见证了许多属于自己的辽阔与澎湃。细想一下，由于新冠肺炎疫情，已经两年半没去过国外了，尽管新冠肺炎疫情对各行各业造成了严重的抑制和冲击，尤其是旅游业，但我认为这种影响是暂时的，终究会过去，随着经济的复苏与发展，人们对精神产品需求的迫切性会比之前更加强烈，对休闲度假的重视程度会越来越高，度假一定会成为人们日常生活中不可或缺的组成部分。

记得好友曾跟我开玩笑，说疫情前我住遍了“全世界”的度假酒店，疫情期间住遍了“全中国”的度假酒店。这自然有些夸大的成分，但不论国际和国内，入住的每个度假村、度假酒店、精品民宿，我都会用很多时间与品牌方、业主方、投资方的董事长深度交流。有种说法：“李辉拜访过的度假酒店 CEO 比世界上任何一个人都多。”最近两年里几乎每周都会有朋友找到我，要做一个度假村或者精品民宿，让我推荐一些国内外靠谱的设计师。什么是靠谱的设计师？我想，设计师很多，靠谱的确实很少。一个好的度假产品本身就是一件艺术品，需要对每一个细节反复打磨，不仅仅是奢华，而应在美学概念上更具有可持续性，是可以经得起历史沉淀的作品。在众多的旅行中，我经常惊叹于设计师的巧夺天工，感受着他们的精雕细刻和玲珑匠心，有一种如沐春风的幸福。这些也是我编写这本《美宿·设计美学》的初衷。才华出众的设计师不应被隐藏，要让他们发出光，被越来越多的人们看到和了解到：这一群给度假产品注入了灵魂的人到底有着怎样的巧思？我感叹国内的度假产业发展太快了，每一年都有巨大变化。但目前国内的度假产品很多还是“质次价高”，对不起一晚上几千甚至上万的价格，设计浮于表面，服务配套不齐全、不专业。随着越来越多真正具有设计美学的度假产品涌现出来，国内度假的品质也会越来越高，价格会越来越合理。

最近两个月一直在上海的家里办公，想着居家办公期间就不要那么忙了，也不能像以往一样到处飞，索性静下心来把自己过去这些年在全球各地学习考察的度假项目重新思考整理一下，提炼出一些对国内度假产业有些许帮助的想法，后面也会特别出一个专栏，分享给大家。

度假不是某一个人的专利，是属于每一个人的。“自信人生二百年，会当水击三千里”，我感谢度假行业给我搭建了一个劈波斩浪、纵横潇洒的舞台，个人的力量微不足道，我们将联合更多有理想的度假人，动用所有的智慧和勇气，坚定地共同探索推动中国度假产业健康可持续发展。

**李辉**

2022 年 5 月 20 日 于上海家中

# 目录

仅以此书致敬

所有文旅度假行业的人

**忠于梦想，敢于孤独**

# 我们需要怎样的民宿

*我对你们说过：一切都在我的眼底，从旅程第一步起。*

——阿多尼斯

## 很快，我们的民宿就看上去差不多了

几年前，我在设计群发了三张民宿的照片。朋友问我是哪家民宿。我回答是三间不同的民宿。他回了一句，都差不多啊。在我这个建筑师眼中不同的三间民宿在一个普通人眼中是一样的。当设计师介入民宿设计后，如酒店一样，民宿的确趋同了。

**俞挺**

上海人，建筑师，美食家，专栏作者。“作为建筑师，做设计的最终目的不是创造幻觉，而是通过创造幻觉，让人继续思考在现实中的意义”。

代表作品：凡人神社、凡人纪念馆、结缘堂、建筑模型博物馆、八分园、思南书局、朵云书院。

## 但我们为啥还是要选择民宿

但我们为何还是放弃那些高级的酒店去选择民宿呢？

### 因为自由 / 大理十九山

当房东小孙的猛禽迎着炙热的阳光粗暴地冲上洱海东方的山坡，没有牵绊的蓝色洱海广阔地横陈在眼前。自由，这是进入我脑海的第一个词。

面对闪耀光辉的苍山洱海，任何装饰都是做作的。那些地域性创作或者堆砌民族物件都是多余的。做减法吧！这是没有牵绊的自由生活的第一步。

窗一定要开到最大，要减掉阻碍视线的铝竖梃，增加造价也在所不惜，因为无阻碍地把风景变成室内的主角才是第一位的。

房间要空旷，功能和装饰要减少到刚刚好。很大的床，面向大海的浴缸、大沙发，以及集合了用餐和办公的综合性中岛就正好足够了。客房门厅、衣帽间和卫生间被小心隐藏在一道连续的屏风墙后面。屏风上抽象的水墨山水明显呼应着苍山。我希望客人就这样坐在或者躺在山水间。无多余之心和物，这才是自由。

我用不同质感的黑色材料（涂料、金属油漆、地板、玄武岩），把大门、前台、厨房、茶室、公共空间，以及庭院和客房的地面连成一幅层层晕染的黑色画面。复杂的黑色削弱了客房的白色墙面和天花的神圣性，以及不能改动的外墙颜色的世俗性，把不可调和的它们综合在一个叙事结构中，消除彼此的藩篱和对立。自由啊，你看到了。

大面积的窗景

黑色的楼梯间

黑色的餐厅和厨房

十九山原来的别墅施工误差很大。我们只能用石膏板墙重新把天花和墙壁找平。可是如果把阁楼凌乱的梁吊平，阁楼空间会让人觉得局促。我想了想，自由是不被要挟。于是我就不吊顶了，我把这乱七八糟的梁用白色一刷了之。你在客厅回头看上去，这梁如同树枝藏在后面的天花下。不错，放下执念也是自由。

在斜坡上，我建议你略微停留一下，然后推开沉默的黑色大门，黑色地面上闪耀着一地碎片的阳光，洱海啊，就宁静地躺在那里。你进入有着天光的黑色门厅，阳光把黑色洗刷得有些懒洋洋的。然后你进入楼梯间，太黑了，以至于你要重新适应。你需要摸索着找到你的房间门。打开后是一处被屏风挡住的黑色门厅，光线已经透进来，空气中似乎有蝴蝶翅膀的扇动声。你会迫不及待地拉开房门，是的，洱海就这么迫不及待跳了进来。你一定会陷落在她的光辉里，这个房间在这时是五颜六色、绚烂的。“色彩之于形象有如伴奏之于歌词，不但如此，有时色彩竟是歌词，而形象只是伴奏”。自然的色彩才是设计的主调。你或许会叹口气，这一路走来都是值得的。到达这看得见风景的房间就是人生一次洗礼的仪式。

建筑夜景

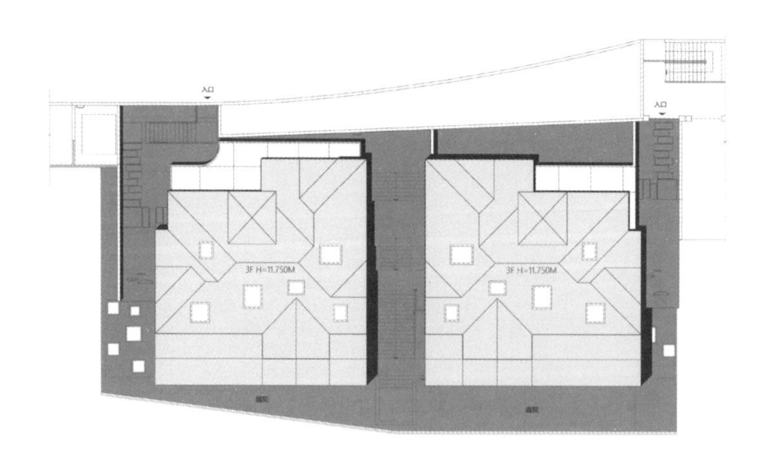


总平面图

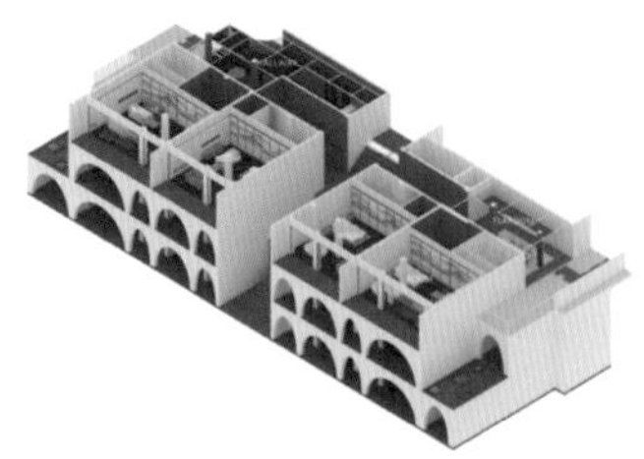

首层轴测图

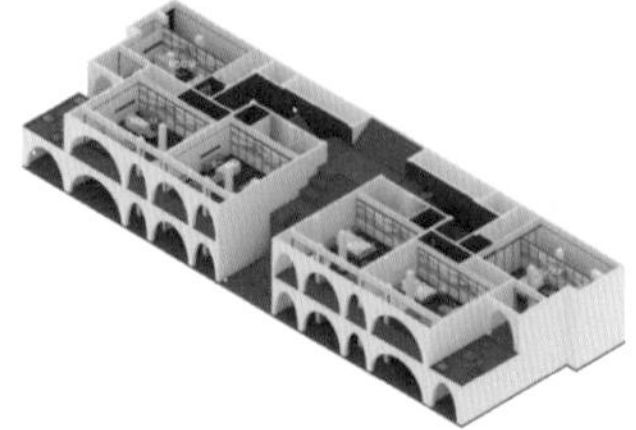

负一层轴测图

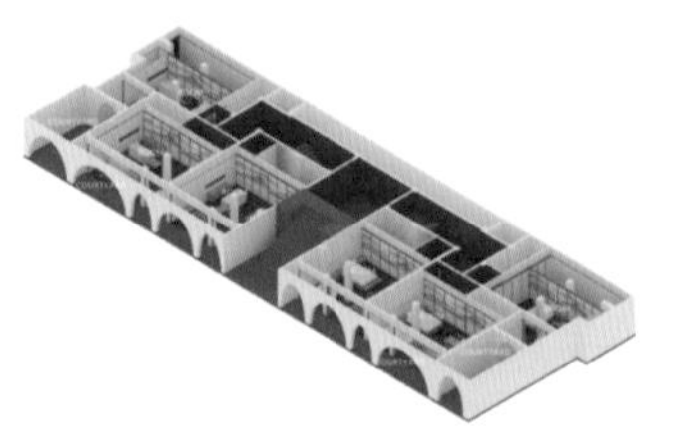

负二层轴测图

## 因为隐秘的安全感 / 西窑头村 3 号楼陌生人民宿

大多数人在乡村可以短暂地获得一种放松，有时仅仅为视觉的放松。西窑头村的景色质朴，但并无特殊。我是依从自己的体验去设计的。在我经历波折和痛苦的时候，封闭自己的视觉和躲在一个庇护所里成为我的诉求。我想起许多中外历史人物，无论是主动还是被动，放逐成为他们强大自己的历程。我希望除去一些外在要素，让来到这个村子的陌生人找到喘息的地方。在这间拒绝风景的房间里，通过自我放逐的心理来建设一种深层次内观的放松，并激发出对未来的信心。

项目鸟瞰实景图

项目沿街外观/保留一段残墙和院门

我的确也接到过不少乡村项目的设计邀请，因为各种原因没有实施。但这给了我思考乡村项目的经验。在这些项目中，其实我没有摆脱地域主义的影响，试图用木屋架、夯土、砖、混凝土和玻璃这些材料和构造来创造一种建筑师眼中适合乡村的地域性建筑。但这些建筑其实都是伪装成“当地人”的“陌生人”，对当地人而言未免有些伪善。所以西窑头村这个项目，我正视我作为乡村陌生人的这个身份，并表达一种作为陌生人如何理解或者改变当地风貌或激活当地生活的简单直接的姿态。这样虽有些莽撞，但我是把当地人和陌生人以平等的地位加以考虑的。

西窑头村以前的民居四周都是包围着连续的象征边界确权的围墙。我的设计不过是在这个场地强化了这个传统类型。其实乡村是个熟人社会，即便家家户户之间有高墙，也挡不住别人窥视和搬弄是非。但作为接待外村人（陌生人）的民宿，陌生人的在地安全感有时不得不建立在封闭的环境里，并需要制造一种自保的体验。所以我把墙体升到 7 米，创造了一个完全独立的形象。这堵在本地人和外村人眼中解读意义可能不同的墙可以同时为双方所接受，最终成为我塑造陌生人形象的手段。

这个室内的设计原型可以在大量关于修道院房间的描述和绘画中找到。与其说是监狱，还不如说是庇护所。既然我想建构一种自我放逐的体验，那么室内就需要呈现最简单静默的布置。取悦人的各种小摆设都被摒除，包括时钟。这是个重新体验时间的场所，作为住户只能通过天光的变化来估算大致时间。确切地说，你会体验那种摆脱时钟精准的计量而产生的模糊感。也许只有这样，天空才能取代风景和屏幕，这样光就能成为空间里主宰变化的要素。你要知道，早上起床往往是情绪最低落的时候，这时的一道光打在你的头上，你一定会想起什么。

我把每个房间变成一个单独的建筑。对，没有走廊联系。走出房间就是户外。其实我们常见的四合院及农村大院，基本都是这种类型。从这个角度而言，我是将传统建筑类型加以修整后重新组合。这个院子的核心还是中央的庭院。可惜因为消防的缘故，庭院中央的火塘设计被取消了。其实火塘作为一种聚合中心的历史性已经不存在，就连勉强代替它的电视也丧失了类似功能。智能手机彻底取代了家庭生活中心

阳光透过天窗落在墙面上

庭院 / 房间作为单独的建筑体块出现

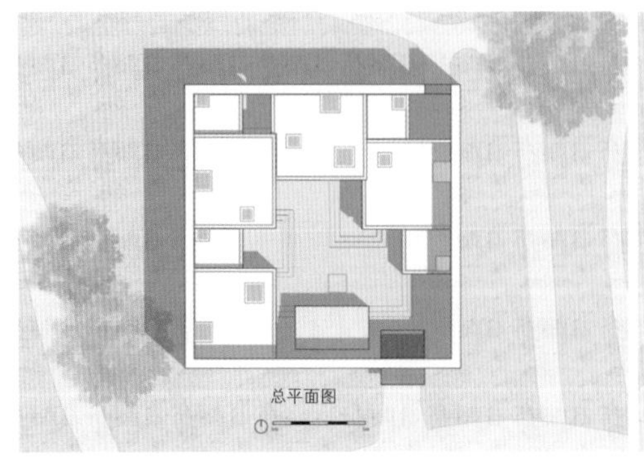


总平面图

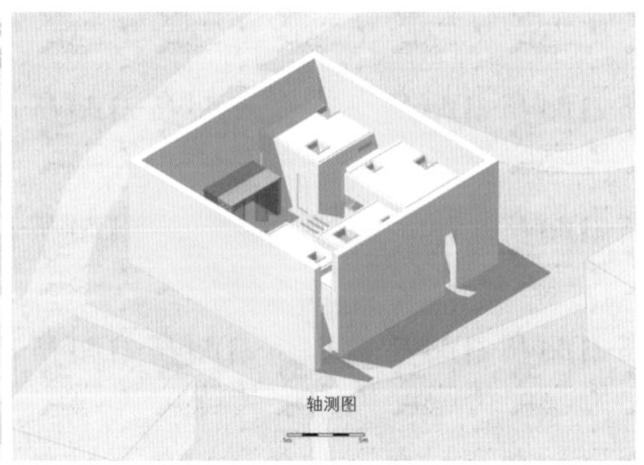


轴测图

庭院夜景

化。我想设置火塘，意图在本不相识的陌生人之间建立一个可以消除戒备的场地，显然没有做到。在陌生人民宿里，彼此不认识的陌生人还是需要社交的。

如今的中国乡村，包容性极大。当地人不仅接受我这个“陌生人”，也接受其他建筑师的作品。他们欢迎建筑师来改变空心村面貌。陌生人很快被接纳成为熟人。

## 因为想轻松一点／苏州伴宅

我考察苏州伴宅基地那天的天气极好，我沐浴在金黄色的冬日里居然有些“醉”。我想在这样安静、干净的村子里无所事事地发呆，对于我这个疲于奔命的中年人来说是多么有吸引力啊！我希望伴宅能够表达这种轻松又带有一丝慵懒的状态，而不是处处斤斤计较的精确。于是我做了一个连屋顶都是白色的房子。

这个白色的房子在效果图上会让人觉得有些不江南。但从建成后的鸟瞰图来看，并无违和感。事实上吴冠中提炼的那个三分黑七分白的江南视觉已经离我们有些远了。不仅房屋形制改了，甚至屋顶的青瓦也被当地居民放弃了。当代的江南有些斑驳，而吴冠中的那个江南则在记忆中。我选择完整的白色不

苏州伴宅西立面

过是想做个减法，去消弭那种斑驳的江南的迷乱而已。民宿有6 间房子，就是 6 个体块。鉴于我对农村为数不多的记忆是学农时农场晒谷场的秋千。在秋千上晃悠，那是在艰苦学农的日子里为数不多、值得记住的轻松时刻。我决定在视觉上创造如同秋千一样被悬吊起来的房间。

首层的地面（包括庭院地坪），我统一使用了黑色火山岩。我解释是将屋顶的黑色用于地坪，实际还是出于避免彻底的白色，以及我最近一直在尝试的水墨调子的实验。黑色地坪也成功地将二层空间，以及外壳和地面剥离开而强化悬吊体验。

我把院门和窗子看成民宿这个连续的外壳上被凿出来的洞口。你可以坐在阴影里，看着光线从洞口倾泻而下，一切都很安静。南面白色小院子里的紫薇则把这种安静变得生动。

首层定义为腔体里的“空”/ 包含了公共服务空间

三层客房

我在三楼的客房选用红色，源于我另外一种遗憾。如今江南的普通人饭桌上都充斥着白酒，袁枚热爱的黄酒几乎消失在主流的江南饭桌上了。黄酒虽然是米酒，但用麦做曲，所以呈现琥珀色。西林渡村有过相当知名的酿酒历史。于是我用了酒糟的红色来粉饰三楼的两间房，大约算是对某些消亡事物的倔强表达吧。

我原本没有在房间安置电视机，因为我想营造一种静默的气氛，包括颜色，光线，封闭感，对风景的限制性使用。我们在日常中声色太过丰富以至于心神不安。我希望在这里，外挂的设备都可以暂放一边。阳光会微微灼热你，空气有些缓慢，偶尔有些虫鸣。我或者你可以懒洋洋地无所事事，然后有了兴趣，想这万物为何静默如谜。

## 除了住，我们还能创造些什么

当我们创作民宿及配套的时候，我们发现除了吃和住，其他没有什么，生活显得贫乏。而我觉得可以创作些什么，因为生活中被我们忽视的东西太多了。

### 创造关于普通人记忆的神圣性／凡人神社

我把光明食品（集团）下属前哨农场中废弃的水泵房改建成 Shrine of Everyman。甲方希望利用邻河的水泵房极好的景观视角，把曾经是农场的基础设施但如今废弃的它改造成一个供游客休息的驿站。但我不想把这个水泵房变成如绝大多数的景观小品那样沦为建筑师操弄形式却和使用者及当地毫无关联的构筑物。

水泵房改造前

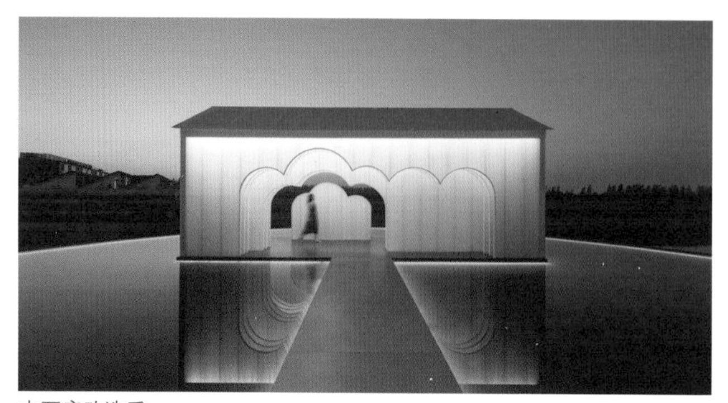

水泵房改造后

在中国传统文化项目中可通过构筑共同记忆把日常地点升格成神圣空间。我想到了巧克力。在物质匮乏年代，被上海食品行业（包括光明食品（集团）的前身）重新发明的牛奶巧克力是那个时期中国人的恩物，也曾经是上海人饮食记忆不可或缺的组成部分。我决定用牛奶巧克力作为水泵房的主题，来唤醒因为物质极大丰富而被暂时遗忘的关于普通人苦中作乐但依然热爱生活的记忆，从而把一个废弃设施变成普通人能享用的神圣空间——Shrine of Everyman。

我设计了一个悬浮在河面上的棕色半圆形水池，并将其作为基座将泵房和周围日常风景分隔开来。它象征巧克力。以矗立在水面上的 13 层半透明的聚碳酸酯板新结构象征牛奶来替换旧泵房。以云作为主题符号在层层叠叠的聚碳酸酯板形成了参差掩映的门洞及交叠的剪影。

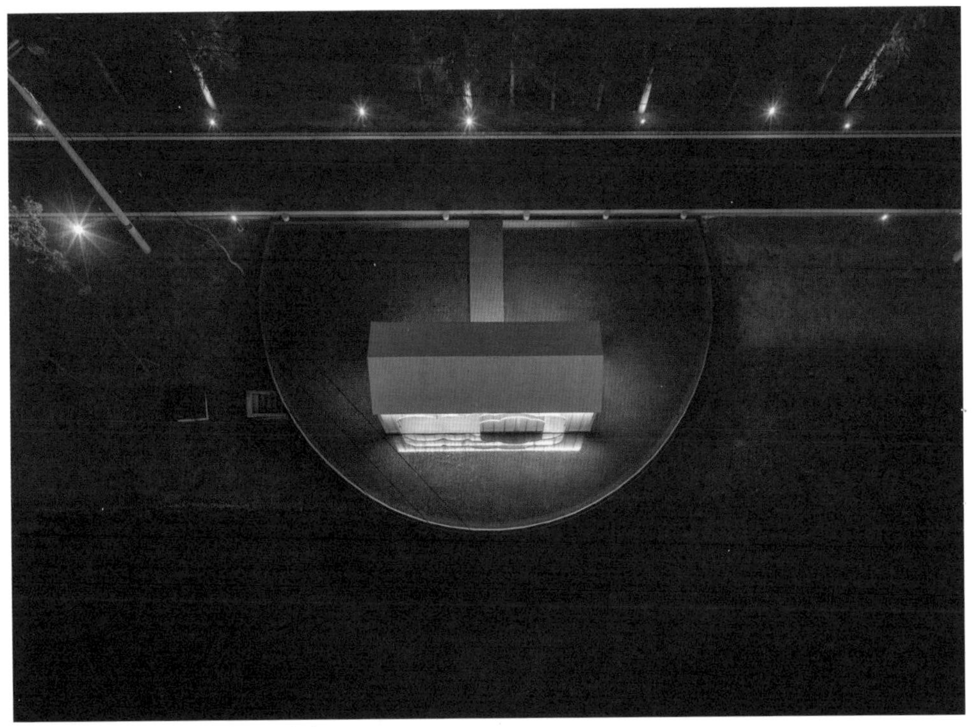

棕色半圆形水池作为基座象征巧克力

以 13 层半透明的聚碳酸酯板新结构象征牛奶来替换旧泵房

泵房基座从长方形的半地下室上悬挑，最大距离达到 4.6m。结构工程师在靠近地下室部分采用梁悬挑，到了水池边 2.5m 范围则采用薄板悬挑。这样无论从公路的角度，还是从水面上看，都能实现漂浮的效果，使新泵房在视觉上突出于周围风景。水池中央的新泵房水平跨度为 9.6m，钢梁最小尺寸为 85mm，钢柱尺寸为 60mm，屋顶采用薄钢板，整体风格定格于轻盈半透明的聚碳酸酯板云门。

正是半透明的不确定性及隔离风景的水池营造了场所的神圣性，而进入泵房的直道通过仪式感更强化了这种神圣性。当你走入 Shrine of Everyman 时，仿佛在走入一个由普通人的共同记忆塑造的神殿。在里面，你可以放眼远望，看到的是无数普通人围垦出来的美丽的人间风景。

从农田望向建筑

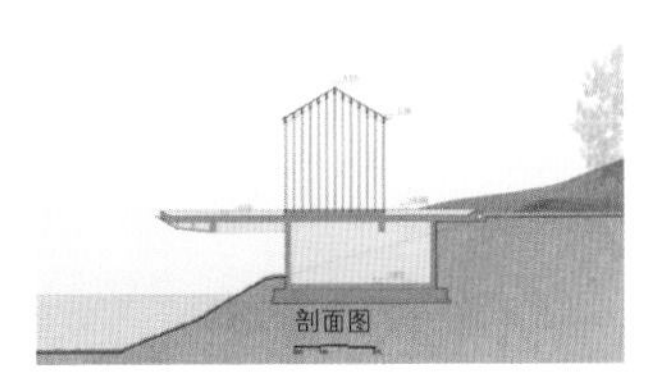


剖面图

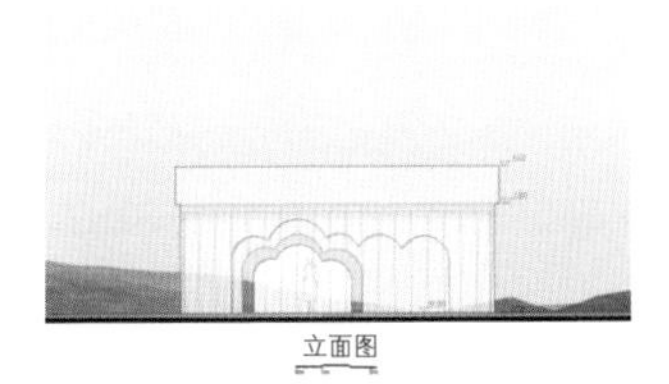


立面图

总平面图

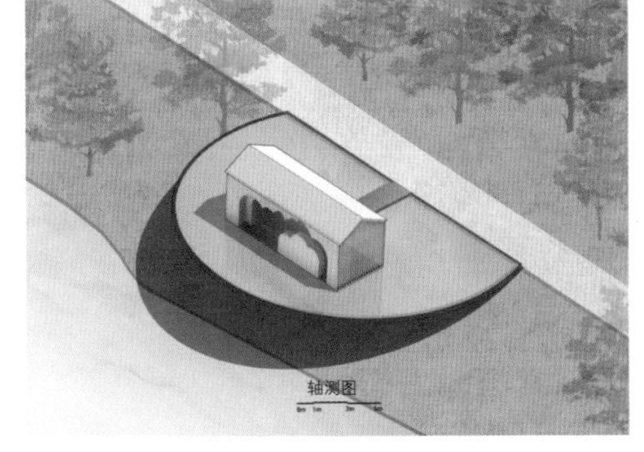

轴测图

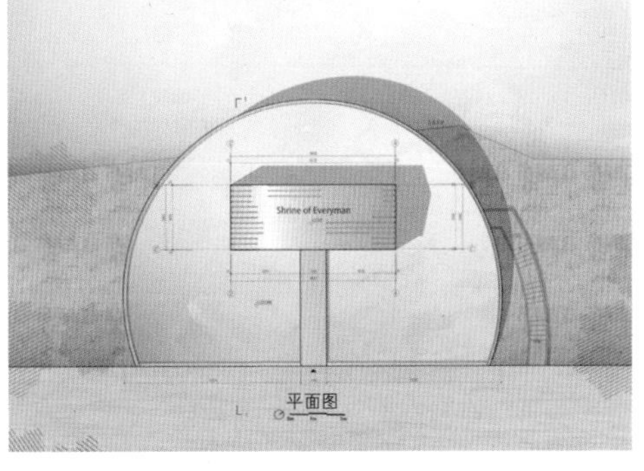


平面图

我还把一个废弃水塔改建成献给所有在绝望时刻做出英雄行为的普通人的凡人纪念馆——Memorial of Everyman。

甲方原来希望把这个废弃的水塔改建成附近某个会议中心酒店的配套，可以作为下午茶空间或者有特色的套房。项目因为我的夫人（工作室的创始人之一）因病住院，我作为家属必须在新冠肺炎疫情管理要求下在医院封闭陪伴而搁置了 40 天。等我从医院出来重新审视这个项目时，对把水塔改成一个城市居民来猎奇体验的空间失去了兴趣。在讨论项目背景的时候，一个关于以身堵漏的资料引起了我的注意。在冬季围海造田工程中，一名名为陆静娟的职工看到堤坝因为潮水汹涌出现了管涌（这会导致溃坝进而使得围海工程失败），于是她挺身跳入漏洞堵住缺口，许多职工受到鼓舞纷纷跳入水中从而保证了堤坝安全。

水塔变成了灯塔

如今衣食无忧的人们已无法理解那个时代的艰苦。当年，为了保证上海有足够的粮食供应，许多城市青年应政府征召到上海郊区包括崇明岛组建农场，通过围海造地获得耕种土地以增加粮食产量。这些人在极其艰苦的条件下开垦和建设。半军事化管理的农场以连队的方式组织、管理青年。提供安全饮用水的水塔就是连队宿舍区的中心标志。

我能理解陆静娟面对的绝望，正如医生向我解释夫人病情时我所面对的那样。所以我特别感动于陆静娟在绝望中奋力一击来博取未来所焕发的英雄气概。我想消费主义的高级套房和下午茶空间在某种意义上是用涂脂抹粉的化妆术掩盖了某些普通人真实的回忆，并点缀如今有些浮华的生活，仿佛不曾有过挣扎，这不对。所以我决定说服甲方把水塔改建成凡人纪念馆来献给所有在绝望时刻做出英雄行为的普通人。

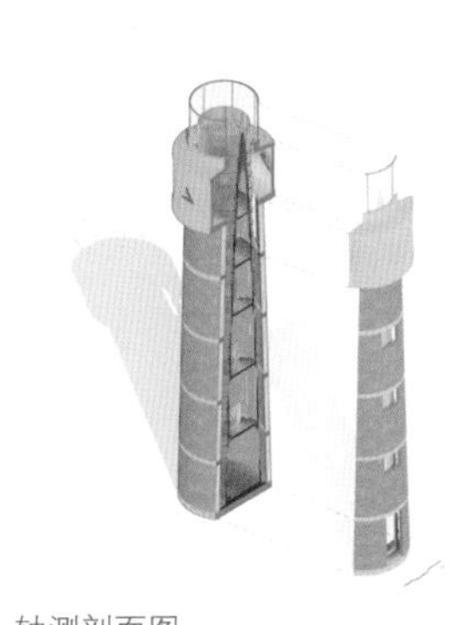

轴测剖面图

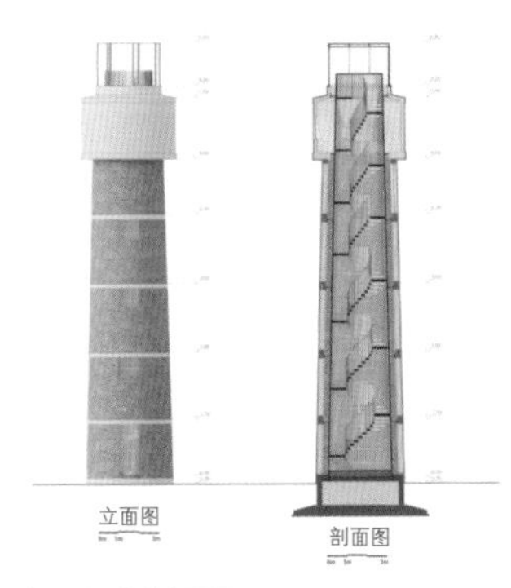


立面图和剖面图

楼梯

楼梯踏步细节——从 1921 到 2021

我把水塔看成是堤坝的溃孔，设计了一个独立结构的螺旋楼梯，象征那些英勇的普通人以身堵漏地插在水塔的空腔中。我用金色象征这些普通人的高光时刻。象征一个世纪的 100 级楼梯由 84 根直径 50 厘米的金属杆作为束筒结构形成一个独立金塔矗立在水塔内部。金塔的底部是上海的地图，每个台阶都有年份，金属杆上记录大事记，水塔的储水仓墙壁上是当年围垦场景的照片转印的壁画。最后，水塔顶部打开，这样游客登顶后可以眺望远方。顶部的玻璃罩子靠玻璃自身承重。通过照明设计，当年为普通人提供水源的水塔变成了当下纪念普通人的光塔。

如今不需要也不应该再围海造地了，但普通人曾经的那些英雄行为却值得纪念。当我站在水塔顶部，看着远方的细细地平线，那就是大海停止之处。

## 创造普通人生活的神圣性 / 结缘堂

风语筑的董事长李晖邀请我为他的第一个乡宿文创综合体项目设计一些东西，但我不打算设计民宿、书店、餐厅、茶室这类广为人知的产品。我希望建筑能够作为工具来激发我们对现实生活中一些困境的思考。

我认为当下那么多人热衷到原本并非著名的风景区里短暂过一种新生活，本质是追求“他处”来躲避现实中诸多焦虑。可是一旦新鲜劲过去，无论在哪个他处，关于健康、教育、工作、财富的焦虑总会如同暗流再次冲上心头，当然还有爱情和婚姻，几千年来这一直是我们的困惑或是痛苦。于是我决定设计一个“结缘堂”，让进入青龙坞的人有机会进入其中，能够反思或测验一下自己人生最重要的问题：爱情和婚姻。

红线缠绕成的三角形建筑

我受传统文化中“朱丝萦社”的启发，希望用红色的线来缠绕出整个结缘堂。我甚至更进一步摒弃建筑性，红线只需要缠绕出一个视觉形象，而不是一个实体的物理空间，它不需要遮风避雨。从而在这个小山坳里创造一种关于思考而形象不确定的建筑效果。最后在风语筑创意总监刘骏的建议下，李晖和我都同意用碳纤维作为红线来编织结缘堂，尽管这在中国还没有先例。我要求通过一根连绵不断的红线编织出结缘堂的整个空间结构。上海大界机器人科技有限公司运用先进的数字化技术和机器人控制算法，在机器人的有效运动范围内，完成了 4 米高、3.8 米宽的大型建筑构件的一次性成型，并通过有效的几何优化算法分配材料的密度，最大限度提升建筑结构的性能效率。用独创的多层复合空间结构编织技术将建筑的密度控制在每立方米 18 千克，并实现了 400 千克的承重能力。是的，结缘堂和以往你看到的碳纤维亭子不一样的地方是，它有楼板，起码可以承载 4 个人，而且要悬挑，这样结缘堂就可以飘浮在空中了。

利用红线缠绕而成的三角形建筑

项目夜景，如一团红色的火焰

结缘堂就像一个可以进入的，但充满隐喻的火焰。站在里面有些摇晃，你们不确定这是牢笼还是堡垒，脆弱还是坚固。你们好奇，也许还有些恐慌。但它却是美丽的，不可拒绝的。执行团队用一天半时间把这 140 千克的火焰安装在青龙坞的路边山坳里。结缘堂就是一个乡野之中的神圣空间，一个不需要考虑地位、财富、年龄、性别的神圣空间。任何人，偶发性地在这个狭窄的神圣空间里，思考一下什么是爱情和婚姻，决定是否做一个不需要别人评价的承诺。我总觉得乡村有了超越城市的文化架构，才能真正复兴。这个结缘堂，我把它看成复兴的火种。我不要一个坚固的建筑来证明所谓的爱情和婚姻。因为有时我会这么回忆爱情：“你的呼吸声是雨声，多么渴望这甘霖能再次降落我的脸庞。”

它们都成了景点，因为和我们自己有关。

# 我是俞挺

我是俞挺，上海人，建筑师，美食家，专栏作者。大家喜欢称呼我为上海地主，尽地主之谊的地主。我对拉美作家有天生的偏好。他们总将熟知的事物变形、放大、夸张化，让人感到不真实、不可思议，目的是指出现实中被掩盖的东西。魔幻现实主义的本质，最终还是现实主义。作为建筑师，做设计的最终目的不是创造幻觉，而是通过创造幻觉让人继续思考在现实中的意义。作为建筑师，若能将多元、碎片化记忆里的其中一种深刻揭露，或将碎片重新组合，都会很不错。建筑模型博物馆、八分园、思南书局、朵云书院，都有这种特质：展现某类人的情绪和记忆。

我觉得自己应该成为观念上能创新的建筑师。现在的设计师，若想避免指令下的内卷化，逃脱激烈竞争的痛苦和挣扎，就需要跳出指令的限定，重新审视并勇于打破桎梏，把触角深入更多领域。庸俗的说法叫跨界，学术的方法是打破边界，让你设计的系统包含更多内容。

我的建筑里都有一个关键词——欲望。我们对自己的欲望有审慎地看待过吗？如果你没经历过鞭辟入里的反思，又怎能希望灵魂上升到纯净的境地？我更不认为绕过对欲望的深刻反思，可以做出纯粹的创作。那只会是一种伪善和虚假。

我的人生经历了种种压抑。尤其在 2020 年陪伴夫人与病魔作斗争的时候，感悟到绝望也可以做设计。人都会逝去，只是还没到时候。只要没到那一天，就不能够用绝望的方式折磨自己，或许你可以从绝望中发现力量。我在长时间与抑郁症的斗争中发现，人生最大的战斗不是与人斗，而是和自己波折的命运斗。高一那年读了一本重要的小说，里面有一句话我记了几十年：世界上只有一种英雄主义，是洞悉了生活的所有真相之后，仍然热爱生活。

八分园

朵云书院

思南书局诗歌店

## 可能是某种遥远的记忆

70 后的我对大理的第一印象是蝴蝶。可惜现在大理，蝴蝶几乎是被遗忘的谈资。我决定用蝴蝶作为仅有的装饰。它会出现在客房门厅的天花和客房狭长的壁龛。光线轻轻地打在蝴蝶轻薄的翅膀上，空气中仿佛有细微的脆响。是的，它就是一种遥远的回忆，提醒住户，这是大理。

我们有时就是为了某种遥远、模糊但鼓励着我们的回忆来到一个陌生但似乎又有点熟悉的地方。某个老城，某段风景，某个村落，某间房，这个寻找的路程也是在发现自己。于是 Wutopia Lab 使用一种以光为色的水墨调子创造出一种宽容的极简主义，来塑造一个关于发现自己的魔幻现实主义民宿。

每一个瞬间，灰烬都在证明它是未来的宫殿。

——阿多尼斯

建筑模型博物馆

# 罗旭与东风韵诞生

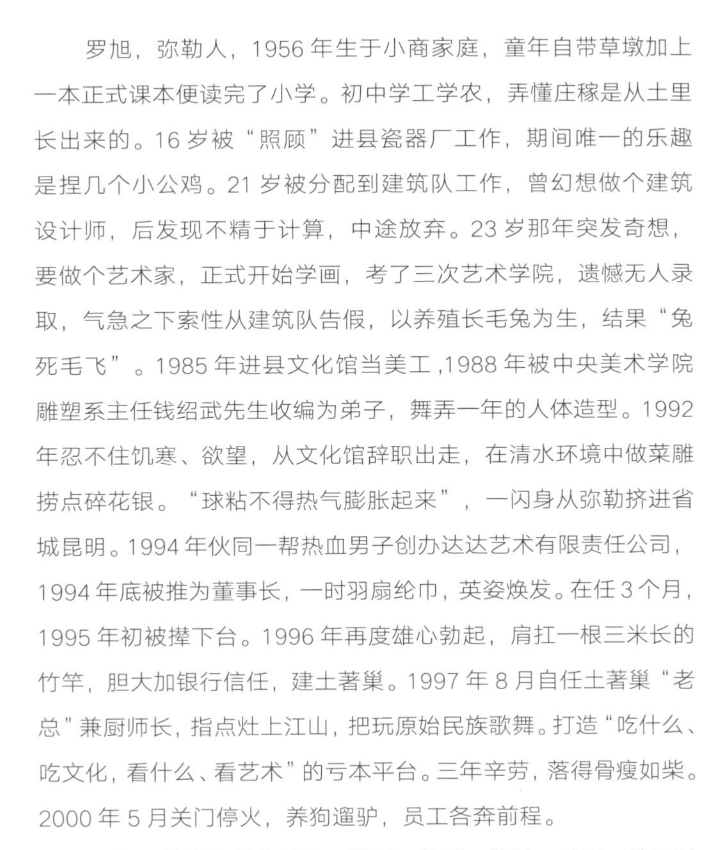

罗旭，弥勒人，1956 年生于小商家庭，童年自带草墩加上一本正式课本便读完了小学。初中学工学农，弄懂庄稼是从土里长出来的。16 岁被“照顾”进县瓷器厂工作，期间唯一的乐趣是捏几个小公鸡。21 岁被分配到建筑队工作，曾幻想做个建筑设计师，后发现不精于计算，中途放弃。23 岁那年突发奇想，要做个艺术家，正式开始学画，考了三次艺术学院，遗憾无人录取，气急之下索性从建筑队告假，以养殖长毛兔为生，结果“兔死毛飞”。1985 年进县文化馆当美工，1988 年被中央美术学院雕塑系主任钱绍武先生收编为弟子，舞弄一年的人体造型。1992 年忍不住饥寒、欲望，从文化馆辞职出走，在清水环境中做菜雕捞点碎花银。“球粘不得热气膨胀起来”，一闪身从弥勒挤进省城昆明。1994 年伙同一帮热血男子创办达达艺术有限责任公司，1994 年底被推为董事长，一时羽扇纶巾，英姿焕发。在任 3 个月，1995 年初被撵下台。1996 年再度雄心勃起，肩扛一根三米长的竹竿，胆大加银行信任，建土著巢。1997 年 8 月自任土著巢“老总”兼厨师长，指点灶上江山，把玩原始民族歌舞。打造“吃什么、吃文化，看什么、看艺术”的亏本平台。三年辛劳，落得骨瘦如柴。2000 年 5 月关门停火，养狗遛驴，员工各奔前程。

同年开始进入栽花种草、发呆、养鸡、养鸭、种瓜、种豆时日，期间有过群展、个展，得了几束美女送的鲜花。几经折腾，其心仍未看破红尘，但方式愚笨，闭门造车，守株待兔。前后数十年旅程回瞰，玩泥巴的时间最长，曾多次想改道，木已成舟，难为它用，只好顺水行舟。

2004 至 2006 年，盖房子的妄想症发作，先后设计了西双

**罗旭**

建筑设计师，艺术家。
建筑设计作品：昆明“土著巢”雕塑建筑群，弥勒“东风韵”雕塑建筑群，建水“蚁工坊”雕塑建筑与规范建筑融合群。“东风韵”雕塑建筑群中的“半朵云”建筑获“2021 德国红点产品设计奖”、安德鲁·马丁奖、柏林奖，“美憬阁”酒店获“美国 HDAwards 大奖”，同时与“万花筒”建筑获“AD100 位精英奖”。

版纳“地气”建筑群，“僻寒”山庄，邀请艾未未主持设计论证会。乘病势之力，设计数个杨丽萍“指光剧场”“雀之林”，等等。做了个 3.6 米高的“三江并流”建筑模型参加对比窗艺廊在上海举办的当代设计展，一路极其兴奋，结果都成了纸上谈兵。这种自恋空欢喜的激情一直延续。

继 2004 年的上海多伦美术馆个人作品展之后，除了盖房子的妄想，还登堂入“市”，在不同的城市办了几个主题性艺术个展，奔上了“小康之路”。几番波折，几乎把自己练就如同一个“男杜十娘”。还好，我没有百宝箱，也没有百宝的重负，只有一身的轻快，一大堆厚爱我的朋友。

2014 年初，弥勒三位老大哥咬了咬牙，把弥勒东风韵项目的话语权交给了我（他们出钱，我说了算，社会受益，他们再受益），做此决定，何等的胆识和远见！

我的私心是绝对的话语权，个人利益可以归零。争得特权后，2014 年 5 月自带帐篷、锅碗酒水、老腊肉，择桉树一片，开始了 8 个月的桉居生活。

2014 年 5 月至 2017 年初，得弥勒哥们如此器重，任性发挥、就地取材，在弥勒东风长塘子设计营造万花筒、农垦博物馆、半朵云、牛哆啰、印章房、前店后厂、美憬阁酒店（原名：象罔艺术酒店）、罗旭工作室、叶帅读书舖，还营造了鸡鸭猪狗圈……我自己把这两年的盖房行为理解为“吃多了，排泄”。

此时的个人状态，如打了过量的鸡血，全数的荷尔蒙喷涂在东风长塘子这片土地上。2016 年，国企谋划进驻，我无话语权，于是走为上计。

2016 年 8 月，又自带帐篷、锅碗酒肉，入住建水，营造“蚁工坊”。

若无工地可守，便闲得心慌，火气重，哈哈！

2021 年 6 月 15 日

罗旭

《新周刊》创办人封新城说，“罗旭本是荷尔蒙。巨大的能量从他干瘦的身体里迸发，从土著巢到万花筒到蚁工坊；从雕塑到油画到陶艺到书法。

他一切原生，无师自通；他法无定法，自成一派。他原生着创新，他乡土着领先；他倒退着新锐，他无语着传播。他真正是一个古老的自媒体，是各种犀利老罗中最犀利的老罗。”

我想这或许是对我在设计美学方面的概述和肯定。

我做建筑的信念是不把它当作捞钱的机会。我热爱这件事情，乐为义工，无为而为。我也没有什么项目意识，不然我可能早已冲进开发商的队列中，捞几粒小糠。只是我在昆明的工作室“土著巢”里待了近 20 年的时间，阅人无数，耳濡目染，时常脚丫子着地，眼观浮云，点点滴滴，从中嗅到了些人间烟火透出的脏杂、甜适的“气”和“味”。如果各种机缘到了，我挥动小竹竿，轻松自如，虽有一点底气，却源于黏合。同样，我想用我的黏合力，去黏合一些能够黏合在一起的东西。

由此，建筑设计真正核心的一点，是在日常生活中有没有判断力，会不会用心去感悟生活中的一点一滴。

十多年前我做的一些设计多是一些视觉比较夸张、很刺激的概念，现在这种形式的东西，虽然都不是我做的，但在全世界范围内已经泛滥成灾。我这几年一直在思考，盖房子到底是给人用还是给神用？这是以前我从来不会去关心的问题。曾经的我，关注的只是视觉上的冲击，只要外形够抢眼，内部功能可以做什么就做什么，土著巢就是这样的。但是后面我开始认真思考建筑到底应该要怎么做，尤其是我作为一个艺术家来做建筑，希望有一天可以把雕塑艺

罗旭老师（右）与两位好友兄弟在建水蚁工坊工地

术、装饰艺术和使用功能很好地融为一体，这对于我来说，会是非常有意义的一件事情。而且，作为一个艺术家，想要达到这一目标，首要的一点就是必须在原来的纯感性思维里加入理性的东西。

就地取材，是我现在盖房子的主旨。现在我选择退步，退到生活与人性、地理环境共同相关的常识基点上来。我不习惯跟风、做个跟屁虫，大家伙往西冲的时候，我往东慢慢地玩。也没体力踢开贪婪的人群去锅里抢肉，这一切是我做事的基本信念。有了它，其他就不是太大问题了。

艺术家做建筑、“盖房子”，真正的挑战是能否转型，做个阳光下虚实相生的，有深度的小物件。对我而言，这才是挑战，终生的、未来的挑战。其实也是终生的修炼！

## 雕塑、绘画、建筑三者一体

雕塑、绘画、建筑，三者原本是一体的，完整、紧密地黏合在一起，不分你我，健康而又美妙、好看、有趣，又中用。

然而，近代快餐式的社会进程，早已把它们无情地肢解了，让它们不再完美，更缺失了好用。

被肢解后的各个单体，存在的最大问题是，自说自话，故步自封，不主动去黏合对方，也不相互学习，只是坚信自己最牛。

## 艺术家盖房子的天赋

艺术家的天赋之一是敢于装疯（真疯是一种极致）或自恋、自娱自乐，或具有很多层面的想入非非……这些都有一点辅助创造力的功效。如果想盖房子，只要别把自己完全逼进“视觉”“思想”的胡同里就行。造个好看、透气、中用的房子，其实如烹小鲜。还有，先别狂躁，“收一收、静一静心”，先弄清楚，盖的是猪圈、鸡鸭圈，还是适合人结婚生娃的窝，或者是公共场馆，或是自己给自己弄的秀场。弄清楚每件事的特质之后，余下的就是恭请赐教，向猪鸡狗鸭请教，向懂得可能性的建筑师请教。

当然，别学一些建筑设计师拼图、复制、偷梁换柱、贪财、毫无担当就行，其他仍有可学的东西。

建筑创作须回到问题的原点，即创作的出发点及手法艺术的高明程度。

若生活经验、技术经验对项目理解不够而去创造奇特的东西，则会是一场噩梦。从艺术高度及手法角度，对场地的理解都不到位的话，则会出现一些奇奇怪怪的建筑。

倘若具备一定的艺术修养，对土地灵魂有深入把握，乃至对市场、客户有清晰判断，则有可能做出好的作品。盲目求新、求怪、求异与由内而发、顺势而为、奇思妙想有天壤之别。比如筇竹寺对联“两手把大地山河捏瘪搓圆，抛向空中，毫无色相；一口将先天祖气咀来嚼去，吞入肚中，放出光明”，此则两种不同的境界。

我同许多科班出身的建筑师有一个很大的不同之处——我有一个理念“建筑是睡出来的”。“睡出来”其实指的是睡在工地。（以大地为床，在桉树林打地铺，吸纳天地灵气，接得仙根植被，瞬间发芽疯长）

从项目启动到项目完成，我都以大地为床，睡在工地帐篷里，在工地搭建临时厨房、餐厅，等等。其实我是在和这块大地进行亲密接触，了解、抚摸、游荡，继而熟悉土地上的一花一草一木，同当地人充分交流，而在这厚实的土地上，孕育出一个个独特的想法。东风韵项目如此，其他项目亦是。只有深切地了解脚下这块土地基因信息，才能呼唤这块土地的灵魂。

我除了是一个艺术家，其实还是一个厨子、一个生活者。

我骨子里、细胞里的对立面令我备受折磨，忽低调、忽高调，忽有生机、忽又死沉，或过于求静、或过于躁动，或有思、或无想，它们同时并存。有时把我养润，有时把我烤干。如果我未吃多撑着，酒八成、甜饱地睡，两个对立的细胞便可能“音声相和，前后相随，有无相生，难易相成”。反之，则音声不和，前后断篇，无不生有，难易都不成。

罗旭现场指挥建设

所谓灵感，源于数不尽的耳闻目染，无休止的折腾，痛苦与喜悦的交织，发呆发到胜过智力障碍者，还源于一颗尚未熄灭的幻想之心。

我这么多年有一个习惯，不会想着下一步要怎么做，但是每天我都在工作，就是每天都在想些很有意思的事，或者对我来说很高兴的事。比如突然想一个模型，但这个模型能不能实现，我也不知道。因为如果我有很多闲钱，我一边把它设计完，一边找个地方把它盖了，就实现了。但是，这个东西需要依靠另外的人来实现，我只享受做的过程，觉得这个东西很有意思，如果不能实现，就当个陶艺品摆在那。就像雨季，你不清楚地里会长出什么东西，可能长菌子，可能长鸡枞，也可能长些不知名的花花草草。我从小的习惯，就是不会刻意去想明天要怎么样，顺其自然，平时闲着，一旦有事，我的工作态度会很积极，全部精力投入进去，这就是一种常态。

## 东风韵项目

“十年建筑梦，对我而言如同便秘十年。弥勒东风长塘子——东风韵项目，如同给我一剂泻药，一阵狂拉、排毒……之后必体虚；再接着便秘，何地再拉稀，看天意……”

在整个“东风韵”项目的进展中，我认为首要的一个问题就是关于“话语权”的问题。不管是建筑师也好，艺术家也罢，如果想要做一点有意义的事情，关键是要有话语权。中国的建筑师很难实现自己的理想，其中一个重要原因就是话语权被别人掌握，只有技术上的话语权，很多建筑师无法做出自己真正想要的所谓的作品。在欧洲不会有这样的情况，话语权是握在建筑师手里的，于是有很多有意思的东西被创造出来。如果我们国家也能把话语权交还给建筑师，情况可能完全不同。

在长塘子住的这两年，我思考了很多理性的东西，包括这里的气候，所做建筑的安全性保障和实用功能，等等。在这里盖房子，建筑材料和技术工人，基本都是就地取材。我非常鼓励就地取材，因为我认为只有用当地的建筑材料建出的房子，才能在当地与自然和谐共处、继续生长，至于技术工人，必须亲自现场指导、培训。因为很多人可能盖了一辈子房子也不知道什么是清水砖，什么是拱体。所以在施工的过程中，我都守在旁边

美憬阁酒店鸟瞰　摄影：刁可雕

现场指导，甚至做好模型让他们照着弄，哪怕是一个小小的窗口，都要和建筑内部的大拱体发生关联，让每一个技术工人知道下一步的工作应该怎样做。整个砌筑过程是经过反复的测算、反复的实验和反复的推倒重来完成的。

东风韵项目犹如一盘大棋，第一子应当如何落下，掷重或掷轻，甚为关键。

当掷下这一子时，实际上，整盘棋大局气象已定——那就是艺术、雕塑、人文这一“重手”。

当年在一个雾气升腾的时节，我在长塘子水库中孤独地徜徉时，内心深处，实际上东风韵项目这块土地上应该出现一个什么样的空间、什么样的建筑形式已慢慢清晰起来。过往的小石坝土著巢、杨丽萍大剧院、滇池西岸的艺术小镇等设计思考，十年纸上谈兵都好像是在为东风韵项目，这块神奇的土地谱写序章。如果说曾经饱受风雨的种种尝试、成功、失败是一枚勋章，那么东风韵项目则是多年积累的凤凰涅槃、浴火重生。

东风韵总平面图

东风韵模型局部鸟瞰

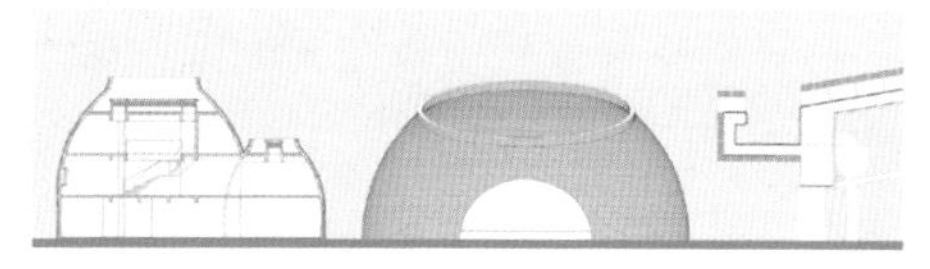

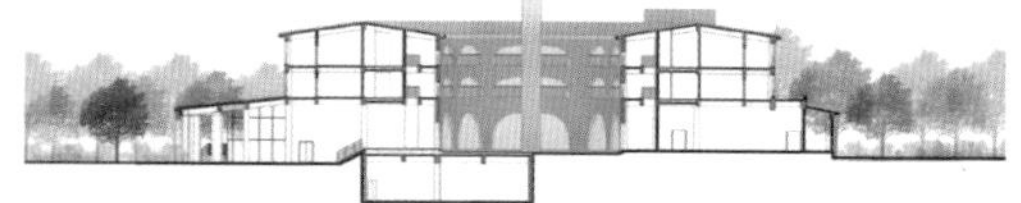

东风韵单体局部剖面图

其实每个人都是独一无二的自己，重要的是你是否找到了自己，并持之以恒，同时你还必须具备上苍赋予你的善良天性，在时代、机遇等来临时你可以把握住它们。

东风韵项目不仅是一个文旅项目，其实更是一个一群人的故事。我们所有参与者，梁大哥、李继光、荣晓宁、袁昆、云南怡成建筑设计有限公司、云南城乡投（云南省城乡建设投资有限公司）等都为此项目付出了艰辛的劳动及汗水（在此难免会有疏漏、敬请原谅）。

东风韵项目的设计理念如下。

1. 不追求高大上，追求“质”“扑”“真”。

2. 不追求工业产品，追求有温度的手工韵味。

3. 不追求所谓的高大，有时躺倒亦是一种巍峨。

4. 不追求标新立异，希望挖掘到土地的灵魂，与之生长呼吸，犹人作，宛若天开。

5. 不追求视觉上的荷尔蒙，追求众人皆欣赏。

规划方法：五环相生，互为一体，圆满观善。

因为场地为一坡地，整个建筑群落依山就势，因地制宜，先规划三个台地，作为核心酒店区用地，再在场地的西北侧面规划后勤用地，设置员工住宿生活区。

考虑到周围万花筒、半朵云、农垦博物馆等，建筑设计遵循整个区域的风格一体化原则，但又有变化。我们追求一种“混沌初开阴阳现，万物负阴而抱阳”，一阴一阳形成东风韵小镇独特的建筑景观。整个酒店群落以五环组合，隐喻母体和子宫，形成使人安静、放松的建筑场所空间。

整个园区秉承一种密不透风、疏可跑马的规划格局，从园区入口规划了一系列的景观用地，结合长塘及水库形成绝美的湖光山色，而建筑则以一种聚落的方式集中在长塘子水库的湾区内，整个长塘子水库如同母体的子宫孕育东风韵这样一个建筑聚落。

整个建筑群其实是一个生态网络，由万花筒、农垦博物馆、半朵云、青年旅舍、音乐农庄、印章房、叶永青书院、罗旭工作室、弥勒东风韵美憬阁精选酒店、商业小镇等一系列功能互补又各不相同的建筑形成一个完整的生物群落。其间举办各种水上运动、产品发布会，以及节假日的各种活动，形成一个老百姓喜欢的大秀场。

万花筒

万花筒

“东风韵”艺术小镇建成后，我觉得变化蛮大。正在建这个小镇的时候，刚好高铁建设同时进行，高铁通车加快了很多人了解这个地方的速度。

关于“东风韵”建设，原来云南的省长来调研时很感兴趣地说，“这个项目，是一个很特别的文化艺术小镇”。于是定格成文化艺术小镇，并对这个项目给予扶持。

我呢，是义务劳动者，有时候跟开发商开玩笑，为什么不分点钱给我。然而，不仅钱跟我没关系，还让我花了两年多时间，8 个月搭着帐篷住在桉树林。后来，就在我住的桉树林，帮艺术家公益机构建了一个“牛哆啰”音乐农庄——一个文化艺术交流的平台。说起“牛哆啰”，是“东风韵”里第一个经营户，对社会的意义蛮大，好多国内外文化艺术家在这里交流。

在我看来，建设就像做作品，作品做完，这个事就结束了，也不会惦记它的将来。然后我又跑到建水去构造一个文旅综合体。我的热情就是喜欢守工地，喜欢在工地上晃，只要一闲着就生病。

有人问我，东风韵这种模式能否复制？我认为这种模式复制不了。比如，买东西不希望买到赝品，那么同样地，这种东西是不可复制的。能带动一个地方的不是建筑外观和内部空间本身，而是空间的文化内涵。如果像迈克尔·杰克逊这种级别的演唱会能在这举办，全世界最优秀的钢琴家在这演奏，并且这种形式一直延续，那它就是真正对弥勒有用了。总而言之，第一要有眼光，第二要舍得花钱，这样才能发挥这个空间真正的价值。再比如，品酒会，全世界很好的酒，可以在这里品到，举办最高端的论坛、时装秀……就是从政府到业主，在一年当中不停地注入这些很不一样的内涵，而不是闲着，或者只是几个人在里边喝喝茶，没什么实质性的内容，那么它就会慢慢地被人遗忘，所以关键还是其文化内涵。

有一次，原云南省委书记到建水“蚁工坊”考察后对我说，“罗艺术家，我听你介绍建蚁工坊，用 4 年时间把一个垃圾场建成有文化、有艺术、有业态三者兼具的文旅项目。现在好多项目有业态、没有文化、没有艺术，或者有艺术，但是没有文化、没有业态。蚁工坊虽然做得小，但是三者同时具备，有文化、有艺术、有业态。现在云南需要更多的这种文旅项目。”评价蛮高的，我也很激动，像“东风韵”这种项目，将来要持久性地建设。

同样，现在我们的项目只是视觉上有艺术，文化内容还没有注入，只能称其为酒店客栈，不能作为完整的业态，只是一个功能当中的一种配合。相当于桌子上的一碟菜，但它不是主菜，它可能是其中的一道咸菜之类的。还需要更多的，分量很重的内容，就如我们刚才说的，如果可以，像迈克尔·杰克逊这样的著名歌星在这里举办一场演唱会，那全世界都知道弥勒了。单凭几张照片没多大作用，但如果可以，全世界的超模在里面办一场时装秀，然后在这里举办很多大艺术家的展览，拍卖的机构来这边做画廊，那这个内容，就是真正有意义的。

我的理想是，让这个地方成为真正意义上的文化艺术小镇，但这需要时间。

## 关于“万花筒”——唤醒压在心底的幸福感

我只是简略放大了少年时对万花筒的记忆，并放大了它的用途。五彩的小片片，故事的主角将会是她们、他们、他或她。每一个人都愿意去接触、去抚摸，它就会更灿烂。

“万花筒”是众人的娱乐场，少数人的精神场，彼此乐于相互吸引的场；智者的道场，商家的卖场；也可以做训驴子磨面的场，养鸡、养鸭、生蛋的场；像迈克尔·杰克逊这样的大明星的大秀场。总之，我的心愿是让“万花筒”派上用场。

## 关于“半朵云”——飘逸通透的仙气植入灵魂

当时我想为东风韵项目建一个很特别、不一样的餐厅。就这个项目，我思索了很长时间，反复考虑外形与“万花筒”及周围环境的对比、融合，内部结构、线条、光，包括功能分割设置，

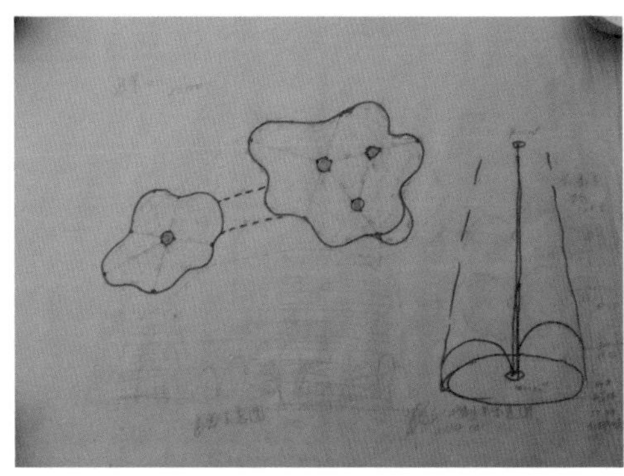

罗旭设计的半朵云手稿

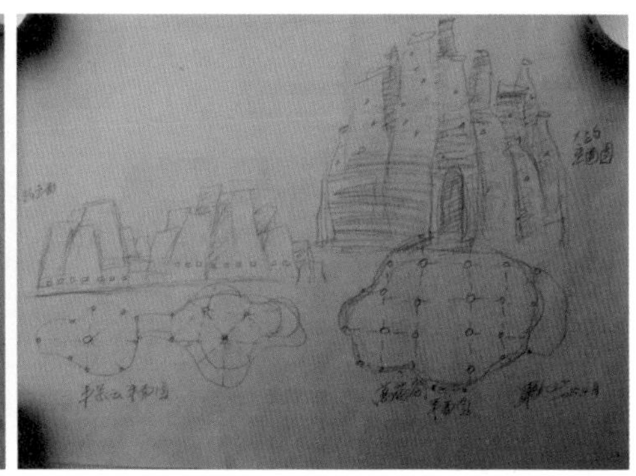

罗旭设计的万花筒、半朵云手稿

等等。突然想到了“菩提树”的概念，光影透过树干、树枝、树叶斑斑驳驳，这是何等的美妙。

于是，半朵云雕塑建筑外形，曲线柔和如延绵山脉、游云飘逸、神仙抚摸，有形无形、有影无影、有相无相；半朵云雕塑内部结构，枝繁叶茂的菩提构架相互交织、撑起穹顶，太阳光穿透天窗，一束束洒在拱形弧面墙体上。光影推移、游动，犹如触摸人体肌肤，植入体内，照亮人的幽暗灵魂。

## 关于“美憬阁”——解脱桎梏的低纬，进入大美高维的圆满

酒店原名叫“象罔”艺术酒店。2014 年下旬，我的一个好朋友，袁大才子——袁坤，如打了鸡血，想在建设中的“万花筒”对面，投资一个超五星的艺术酒店，他坚定地说要我设计。我们俩做这件事的最大原动力就是那份对美好幸福生活的梦幻情怀，这才有了今天的“美憬阁”酒店。

建筑行业需要革命性的发展，从都市到乡村。但前提条件是，政治家开始疯狂，企业家跟着疯了，艺术家、建筑师再加入其中，建筑的革命性才会开始。

——天才是有的，滴水穿石也是成立的。

“美憬阁”酒店入口大厅

“美憬阁”酒店中庭

大梅沙前庭院　摄影师：王厅

# 让世界看到中国设计之美

当我回国和郑忠一起创业的时候，我没有想到 CCD（香港郑中设计事务所）伴随了中国经济的发展，见证了酒店设计的一个又一个高光时刻。

曾经我认为国外很平等，并没有所谓的天花板，确实我在 HBA（赫希贝德纳联合设计公司）也做到了合伙人，但是碰到一些项目真正有核心利益冲突的时候，你还是会感觉到这个东西的存在。你认为没有（天花板），是你没有达到那个高度。

2008 年，我回国加盟郑中设计的前身 CCD，成为同学郑忠的合伙人，与郑忠一起将郑中设计打造成在国际上名列前茅的酒店设计品牌，并在 2016 年在深圳证券交易所上市。我们俩共同坚持的“东意西境”的设计核心理念，不仅在国内被广泛推崇，在国际上也备受青睐，成为很多国际知名酒店品牌选择郑中设计作为设计机构的重要原因。

**胡伟坚**

Frame Awards 酒店设计类别评委、中国十大杰出建筑装饰设计师，从事建筑与室内设计行业超过 35 年。

代表作品：长沙 W 酒店、半朵云艺术家会客厅、弥勒东风韵美憬阁精选酒店、佛山罗浮宫索菲特酒店、杭州钓鱼台酒店。

## 求学，黄金阶梯

我出生于广州，父母都是教师。我从小喜欢画画，但初中的时候父母就不让我画了，因为父母觉得高考不考画画。

1981 年，我以广东省理科语文成绩第一的高考成绩，考入华南理工大学建筑系，成全了父母对我以后成为“建筑师”或“医生”的“唯二”期盼，也成全了自己打小的画画爱好。

我大学读书的时候设计还可以，但是其他很多的基础科目不太用心。在大学期间，我放飞了自己对设计艺术的追求，在大学快毕业的时候获得了一个很难得的高校建筑设计竞赛的优秀奖，也正是这个大赛让我得以成为建筑大师莫伯治的亲传弟子。

我对力学这些都不太有兴趣，按说正规考研究生其实是挺难的，刚好那届莫伯（我们都叫他莫伯，他也让我们这么叫他，很亲切）想招一个偏设计的学生。莫伯治考察的重点是学生的设计天赋，而这正是我大学时期的爱好和努力方向。

我觉得莫伯成为我的导师是很奇妙的，是缘分。

1985 年我刚刚读研究生时，一天课后，莫伯请我们几个弟子在白天鹅宾馆中临江的咖啡厅用餐，一边谈谈酒店当初的设计构想过程，一边让我们亲身感受现场的空间、景观、细节和实际的使用，直至教我们一班刚开洋荤的毛头小子怎么摆放和使用刀叉的进餐礼仪，还有点菜。当我看着稀奇古怪的菜单摸不着头脑之时，莫伯给我点了德国猪膝，果然丰盛的菜式让年轻饥渴的我大快朵颐、回味至今。和设计思路一样，莫伯点菜很实际，而且因人而异，像当时年轻的我，充满好奇又饥肠辘辘，一份结结实实的异国大餐无疑是最佳的选择。他还笑着对我说：后生仔能吃才能做。

关于点菜，他还有一套“理论”心得，比如不能一味求贵求多，应该在合理的预算价钱下，贵的、精彩的和便宜的、饱肚的互相搭配。分量既不能太多而吃剩浪费，也不要太少而吃不饱。同时也要照顾同桌各人不同的口味，让大家都吃得开心、满意。莫伯曾说：你不

文华东方入口细节

大梅沙入口景观　摄影师：王厅

一定要会做菜，但一定要会点一桌菜，要点得恰到好处。这在设计上，我讲求比例均衡，充分考虑各个方面的需求。虽然建筑师不一定是面面俱到的专家，但一定要有了解整体细节的全局观，合理调配有限的资源，使作品最终达到美的效果。

由于跟了个好导师，我参与了很多工程项目，包括莫伯的代表作之一——广州西汉南越王墓博物馆。

彼时，广州白天鹅宾馆已经落成，很多时候，莫伯的研究生上课地点就在宾馆里。莫伯在那儿有个工作室，基本上去了白天鹅宾馆就跟出了国一样。

白天鹅宾馆是中国第一家中外合作的五星级宾馆，由著名爱国港商霍英东筹建，建筑大师莫伯治、佘畯南担任总设计，室内设计则由国际知名酒店设计公司 HBA 负责，设备、建材、家具，几乎全部进口。酒店运营后，其先进水平和豪华程度在国内引起轰动，为国人打开了一扇看世界的窗。

对于我来说，这是初窥室内设计门径的契机，也是和 HBA 设计公司缘分的开始。

## 从业，融贯东西

### 海外深造，入伙 HBA

当时的中国，百废待兴，人们对居住、工作空间的要求自然谈不上有多讲究。虽然大学里有初步的室内设计课程，我看过一些国外的相关书籍，也去过香港考察，然而对于室内设计的深入了解，还是从白天鹅宾馆开始。

白天鹅宾馆完全按国际五星级标准设计，很长一段时间都代表了国内酒店的最高标准。令我们震撼的是原来室内设计能够做到这样的深度和完整程度，包括家具、灯光等，跟我们听老师的课完全不一样，跟我们看香港的室内设计作品也完全不一样。我发现整个室内又是另外一个广阔的领域。

研究生毕业后，按导师“先工作沉淀一下”的要求，我在华南理工大学的设计院工作了四年，随后去了美国，在萨凡纳艺术与设计学院 (SCAD) 深造。因为有白天鹅宾馆的关系，后来我想学室内设计，我就去美国读书，读完书就在 HBA 工作，一做就做了 16 年。

西安中晶华邑客房

西安中晶华邑入口

我在 HBA 的 16 年，最大的收获是对酒店设计整套工作方法的了解。现代室内设计作为一种工业，整体是哪些步骤，出什么图纸，怎么分层搭配，怎么选择材料、家具、布艺、色彩，物料师怎么分工……需要定义整个流程。酒店室内设计的流程——怎么做、怎么分工，是 HBA 的“H”，也就是“Howard Hirsch”创立的宗旨。

在这个过程中，我做了很多酒店项目，从中也感受到时代的变迁和潮流的兴衰。我是 1994 年进入 HBA 的，那个时候日本的项目很多，中国的项目从 2000 年以后才慢慢地多起来。

2000 年后，我成为合伙人，也成为 HBA 开拓中国市场的主力。虽然代表 HBA 酒店设计在中国攻城略地，但让我不太舒服的是，那个年代，在国内，高端酒店设计基本被境外公司垄断，中国的设计公司几乎没有机会参与。那时活跃在国内的很多外籍设计师，水平其实并不是很高，中国也有很多有才华的设计师，却得不到施展。我觉得这个事是不对的，应该是大家都有机会能够发挥长处，而不是被欧美设计师垄断。

彼时，郑忠创办的香港郑中设计事务所 (Cheng Chung Design，简称 CCD) 在酒店设计界也开创了一方天地，“东意西境”的核心理念也几近成形，在 CCD 聚集了酒店设计的精英，当我想回国发展的时候，便和郑忠一拍即合。

## 超级搭档，双剑合璧

我后来变成郑忠的合伙人，整个过程也是机缘巧合。研究生的学习过程也成就了我和郑忠的缘分。

20 世纪 80 年代是一个思想开放的年代，发生了很多新鲜的事情。我在攻读研究生学位时，时任华南理工大学建筑设计研究院院长的陈开庆先生做了一个超前的尝试，与广州美术学院联合教学。广州美术学院的学生到华南理工大学学习一些建筑学偏工科的课程，华南理工大学的同学到广州美术学院学习艺术类的课程。

我和郑忠一起上了很多名师的课，何镜堂老师的课、王受之老师的课、李正天老师的课、尹定邦老师的课，这些美院非常好的老师让我们工科学生的视野一下子开阔了。郑忠也过来上了很多华南理工大学教授的课，两边刚好是互补的课程。就这样，我和郑忠也成了同学。

当时我看到的和体验到的国内外酒店设计的现状，有很多让我

丽江铂尔曼酒店

杭州钓鱼台品聚（特色餐厅）

思考的地方，所以我想回来，改变这个状态，刚好我和郑忠聊起来，他说要不然一起做，我想那也可以。

就这样，十几年合作无间，我们设计的很多作品都受到了业内外的厚爱。

CCD 郑中设计以设计作为企业的核心竞争力，以“东意西境”的设计理念作为引领，突破设计的“天花板”。

我们的现代生活是从西方社会借鉴过来的，因此，在设计上，西方就有完整的体系，占据话语权。但是我们东方也有东方的智慧。怎么把东方的智慧融汇到西方的体系中，是我们想要做的。

具体到酒店行业，酒店管理和酒店设计都是西方品牌占据优势位置，然而，近年来，亚洲的酒店迎头赶上，中国、日本、东南亚等国家和地区的酒店，从硬件和服务上，比美洲、欧洲等都高一个层次。

东方人的待客之道和西方是不一样的，西方有很多好东西，但是东方也有宝贵的东西要保留下来。现在做得好的酒店设计其实大部分都在亚洲。我们之前都是根据美国的标准来做，现在反过来了。

杭州钓鱼台

2011 年，全球首个华人设计的瑞吉出自 CCD，同年丽江铂尔曼包揽了全球设计大奖，赢得大满贯；同期，参评全球酒店室内设计百强排名获得亚洲第一，全球第三；2016 年，我们推出了深圳中洲万豪、北京三里屯洲际、杭州钓鱼台、佛山罗浮宫索菲特四大项目，引起社会强烈反响和广泛好评。同时 CCD 参与制定喜来登、万豪、希尔顿等国际知名品牌新的设计标准。

酒店设计一直是设计皇冠上的明珠，从被认可成为国际酒店品牌供应商名库成员，到成为主导国际酒店品牌设计新标准的制定者，我和郑忠尝试突破设计的边界，代表了当代华人设计力量的崛起。

站在这样的高度，我们将 CCD 郑中设计打造成全球前三的酒店设计公司，并使郑中设计于 2016 年在深圳证券交易所成功上市，成为行业的领先企业，在国际顶级品牌酒店、企业超级总部、产业园区、综合体及商业中心、高奢住宅等多领域装饰设计与工程建设中占据优势；近年来，更在中国高端公共建筑装饰行业中实行 EPC(设计与工程一体化工程总承包)模式并取得成功，以及持续推进建筑信息模型 (BIM) 技术应用，成为行业瞩目的艺术与技术并行的高端装饰品牌。

## 时代，细品东方

在生活中，我追求一种舒服自在的生活状态，喜欢从多角度看待生活。我的拍档郑忠则是一位不折不扣的处女座，对工作严谨，对生活讲究，也是一个兴趣爱好广泛且有生活趣味的人，他会教我穿衣打扮，注重生活品质。为了成就极致的设计美学，他对待设计足够严谨，同时也非常注重对设计灵感的捕捉，会根据每个阶段的目标去亲力亲为，这是我钦佩的做设计的态度。

做设计的，随时都在设计中生活、在生活中设计，也需要自己时不时慢下来放空自己，才能更好地做出有火花的作品。每个时期都会随着对这个世界的体验、认识不同，而带来不同阶段有革新与突破的设计作品，不同阶段想要表达的东西也有所不同。而做设计工作也能改变我们的生活方式，使我们学会更精致地生活，可以让我们的生活越来越接近我们理想中的样子。

这些年，我们在国际上获得了不少奖项，在不少颁奖典礼上，很多国外嘉宾都很惊讶原来中国的设计可以这么棒，CCD 在国际上的市场也逐渐打开。我们除了在美国、德国、曼谷、印度、迪拜、塞班岛等国家及城市有着代表作，我们也把很多国际品牌酒店带到了中国大山大河间。

我们生长、生活在这片土地上，她的文化将东方理念和东方思维渗透到我们骨子里，我们根植于东方文化，也保有国际化视野。CCD 招募了一批年轻的华人精英团队，既有东方文化基因，又有广博的国际化教育与出色的工作经历，将东西方的理念与文化融会贯通。

每接到一个项目，我们都会深入了解项目，挖掘当地文化，将独特的文化融入设计中，通过这些文化元素来勾起岁月记忆，将故事娓娓道来。

丽江铂尔曼度假酒店

丽江铂尔曼度假酒店室内饰物

“过一枯涧石桥，西瞻中海，柳暗波萦，有大聚落临其上，是为十和院”。2011 年，我们在云南丽江做了铂尔曼度假酒店，它北瞰玉龙雪山，东、南瞻象山、文笔山，欣赏四时风光变幻。酒店的建筑设计灵感源于当地的纳西族传统建筑，低层设计的同时融入了现代中式装饰元素，前卫的设计与传统的文化完美结合，打造出一种古老与时尚的华丽统一，滋养出一片使人静心的绿洲。室内设计沿袭了酒店建筑的风格特征，整体设计为现代中式风格，以幽雅的灰色调为主。传统器皿、中式灯具、东巴文化饰物和古董等，以及精致的丽江工艺品和特制的家具渗透出一种具体到骨子里的独特的纳西风情。

在我看来，空间序列的层次感很重要，另外，可以把古典设计与现代手法进行创意结合，把酒店打造成传统园林，体现生活的禅意和东方哲学的表现力，比如我们设计的丽江铂尔曼。每个房间在建筑之初就尽可能地将雪山胜景纳入视线角度之内，将皑皑雪山“搬到”房间，抬头便能感受到丝丝清凉。中式屏风及家具陈设充满了古老东巴的味道；云之南印象的民间艺术品，温润自然的本地材质，满溢着含蓄婉约的审美情致。客人在此遁世隐居，开放式的空间设计让午后竹帘外穿透的光影曼妙羞涩，让人沉溺其间。

丽江铂尔曼建成后在国际设计舞台上名声大噪，那一年实现了包括设计界的奥斯卡“金钥匙”奖在内的国际奖项大满贯。之后越来越多的具有本土文化特色的国内外度假型酒店找到了我们。

其中包括杭州钓鱼台，当时正值 G20 峰会前夕，参会的外国元首和政府首脑将下榻于此，我们用中国的待客之道，将杭州钓鱼台酒店作为东方大使府邸，用优雅大方的风格解读传统与当代，中国杭州与国际的交融；从中国传统院落和园林获得启发，在平面布局中，隐含了北京的四合院和徽派建筑四水归堂的结构，为来自全球各地的宾客提供独特的文化体验。

这就讲到了 CCD 做中式的一个阶段性价值观，我们所理解的中式并不是符号的堆砌，而是体现中国当代各个地方居民的一种生活方式，就好比佛山罗浮宫索菲特酒店，我们用了将近十年的时间探索岭南地域文化中的自由精神与自信，同时也向法国享有盛誉的名胜地标及代表人物致敬。

“中为适应之谓，庸为经久不渝之意”，西安中晶华邑酒店是西部地区的首家华邑品牌，同时也是亚太旗舰店的标准。它所表达的“和平与秩序”代表一座理想的城市，当年的长安盛世正是世界瞩目的大唐帝国，里坊制让一百零八坊严整而庄严地排列在朱雀大街两侧，在太阳的照耀下熠熠生辉，气势恢宏。CCD 将这种中正与秩序之美通过现代手法演绎，把东方哲学的礼制内蕴

杭州钓鱼台

融入空间，让我们沐浴在伟大的中华智慧文明结晶中。热忱发扬以“礼、尊、和、达”为核心理念的中华待客之道，在社交及商务活动中、亲朋好友聚会间，宾主尽兴、万事顺心的通达，这是我们在这间酒店所传达的中式设计。

CCD 一直在弘扬“文化自信”，就是东方之道的文化自信与创新，设计中，传承东方传统文化的同时，融合国际风潮，让世界品味东方。西安芳林苑、前门文华东方，就是文化的认同与回归。

西安芳林苑坐落于西安大唐芙蓉园景区里，是西安对外的城市名片之一，唐代长安城是当时东方世界的中心，即使千年变迁，中国人也依然在吟咏“秋风生渭水，落叶满长安”。

前门文华东方酒店项目，选址为北京的胡同里，因为那里是北京生活和传统文化最直接的载体。我们一年中多次走在北京的胡同巷子中，感受胡同里的生活和四季变化，再把这些感受融入未来的酒店中。

在设计视角上，它们是一脉相承的，是历史的回归，但不是一味地沿袭古制，我们以相对艺术化的形式建构了空间的国际化与当代性，回归精神，融合当代人在今时今地的生活方式和艺术追求，共话当代美学和时代趋势。在这里发生某种生活，而不只是展示某种生活。不能摆脱功能，过分追求比较虚的美感，功能做到了极致，其实自然就能产生美感。

随着全球城市化发展，我们近些年也接到不少旧建筑改造酒店的项目，我们也一直在探讨城市与建筑、建筑与空间的关系。Hoiana Hotels & Suites（越南会安南岸套房酒店），会安在细长的越南地图 S 形的海岸线正中间，被视作越南的一颗珍宝。十六世纪的时候，会安是东南亚两个最繁忙的贸易港之一。会安是越南最早的华埠，几百年来华人在此繁衍生息，形

西安芳林苑细节

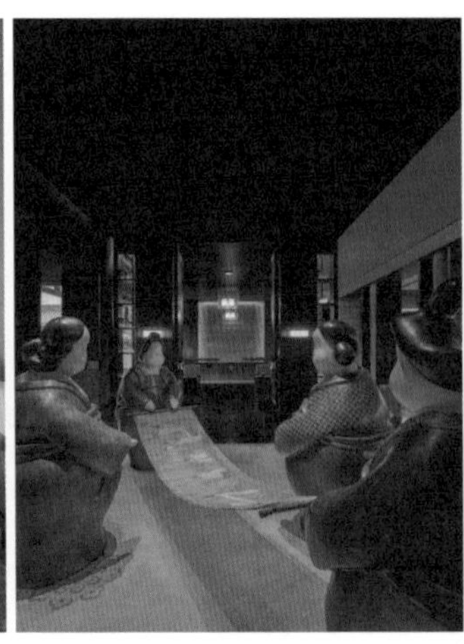
西安芳林苑内景

西安芳林苑大堂

越南会安南岸酒店餐厅

成一个繁荣昌盛的华人社区。日本、荷兰、法国的商人、殖民者，同样也以会安为埠，在此经商、生活，于是东方与西方的文化在会安交融。

会安南岸套房酒店位于会安南岸综合娱乐度假村内，是越南首个世界级的综合度假村，也是亚洲最大的综合度假村及旅游项目之一。这个古镇区内的房屋全是具有悠久年代历史的古建筑，没有夹杂一点现代的新建筑，而法国殖民风格是古镇内长久历史以来的建筑特色之一，我们在设计手法和材料层面拆解重组，东南亚风情的灯具造型和吊扇，深黑檀木的沉稳质感，结合场外的绿景、大海、光影，共同描绘着越南法式殖民地时期的面貌，非常有意境。

## 归真，心游天地

2013 年，我们在京基 100 瑞吉酒店开了第一次发布会，让外界知道了 CCD 品牌，当时的主题是：聚绘东意，耀赏西境。后来媒体在报道中提出了“东意西境”这个词，然后传开了，大家都将 CCD 与东意西境联系在一起。

我觉得这个词更多的是体现 CCD 对东西方文化、自身文化的传承的态度，我们从来不会重复自己，CCD 每几年都会推翻之前的设计，从另一个角度来说，一直保持创新。

弥勒美憬阁外景　摄影师：王厅

我的切身感受是中国设计一直在蓬勃发展，从过去业主要求参考国外案例来设计，到现在我们已经有一大批中国设计师建立了自己的风格，也获得了国际的认可。

我们近年新开的云南弥勒美憬阁，这个小镇的建筑群最近引起了广泛关注，建筑群是云南本土艺术家罗旭老师的作品，土筑巢式的建筑全部由当地的红土红砖建成，没有一根钉子。这个建筑从土地中“生长”出来，又是一个巨大的雕塑品，天马行空的风格，散发出原始的生命力。它的独特性恰如其名——乌托邦，能唤起现代精致文明人内心的渴望：纯朴、自然，做天地的孩子。

做这个项目的时候，我们克制了内心的设计欲望，去“现代化”、去“工业化”，化繁为简，返璞归真，回归自然。专注在自然与匠艺上，融入了声、光、形等艺术设计语言。用光打破建筑、自然环境及室内空间的边界，空间“绕光而行”，非常灵动。为了保持建筑的完整性，我们在地下建了一座架空层，把所有机电设备全都藏在了地下，这些工作都运用了本地的材料和人工，同时也促进了当地的旅游经济。

我们做设计一直非常注重与自然的关系，我们一切创造与活动都是建立在与自然共存、共生和共进的关系里。

2019 年，我们完成了一个非常有意思的项目——黄山・祥源云谷温泉度假酒店，这个酒店藏在黄山风景区六大景区之一的云谷寺腹地，海拔 800 米，群山环抱，云雾缭绕，环境幽静，极富大自然之野趣。它的前身是黄山云谷山庄，是一组带有徽州古民居特点，由东南西北中五个区域组成的徽派建筑群，设计师为我国第二代建筑师汪国瑜。整个建筑群以围合空间院落式处理，依山而建，分散布局，傍水跨溪，完美地“嫁接”于自然中，体现了“天人合一”的传统哲学，成为黄山四绝之外的人文一绝。

这个建筑在 30 年后交由 CCD 改造，我们在完整保存整体建筑的前提下，依托于黄山得天独厚的自然资源，融入徽州文化、养生文化及国学文化，延续和传承徽派建筑风格和肌理，以轻奢自然的方式，让旧时山庄换上禅意雅致的新颜，再现山居理想。我们最大限度保存旧建筑的筋骨气质——马头墙、小青瓦、天井、回廊，谦和地运用现代设计手法去维护这种难得的历史氛围：墙线错落有致，黑瓦白墙，色彩典雅大方。每个场景都享有庭院园林，以及不一的观山角度，依傍山峰，推窗即景、感受四时山水的不同。园林精巧，但意境见长，一步一景，变化无穷。

弥勒美憬阁内景　摄影师：王厅

弥勒美憬阁内景　摄影师：王厅

设计不仅仅是设计理念、设计技巧的展现，更多的是要关注这些空间所要面对、使用的人。设计师不仅要关注人，还要关注一切与人类命运相关的事情，所以我们关注新冠肺炎疫情后时代的设计变化，也关注可持续发展理念在设计中的运用。从人文的角度讲，空间，连接人文与商业，连接传统与创新，连接当下与未来。优秀的建筑和空间设计，不仅是一个项目，还是城市名片，是历史与文化的一个传播符号，所以，我们关注城市旧改、老龄化问题、亲子关系等，并在研究和设计实践中不断改善。

近两年，因为新冠肺炎疫情的影响，出差基本都取消了，这让我有更多时间留在深圳，与同事们讨论创意，让自己更专注、更深入一些新的设计课题及研究，也让我对生活有了更多的感悟。想起多年前，我刚回国，穿着随性，郑忠跟我说等你做了大老板再穿着随意吧。吃得健康，穿得舒适，其实是我们生活方式的一种升华。

由于离深圳近，我最近常去深圳大梅沙京基洲际行政俱乐部，它坐落于大梅沙壮丽的海岸线上，优越的天然环境，临海的建筑关系，精简极致的室内体验，造就独具一格的酒店。以往 CCD 一直做大体量的项目，这次与以往不同，是小体量、小精品的感觉，即使整个酒店只有 62 间客房，但园林景观、庭院贯穿整个建筑，水景、大树、草坪、天光始终包围着你。

俱乐部前身是两栋分开的 L 形楼宇，由一家美国建筑事务所建造，用作私人接待会所。原建筑的条件、框架、理念都不错，特别是采光的设计，让整个空间非常通透。在整个项目中，从园林建筑、机电灯光到室内设计都是由 CCD 操刀改造的，景观、建筑、室内的衔接关系非常紧密。在改造过程中，我们没有过多地改变建筑，而是通过建筑方块造型来丰富，加入了水上长廊、前院水景、中空庭院、内院、无边界泳池、玻璃盒子、特色餐厅建筑盒子，并将

大梅沙京基洲际行政俱乐部无边泳池　摄影师：王厅

佛山罗浮宫索菲特

原本分开的 L 形建筑连接起来，各空间相通，营造出游园的体验感。设计就是一种生活方式，在肯定实用功能因素的基础上，以多元形式赋予空间人格化、情感化，在这里面海而席，好不惬意。

我觉得设计师不单是追求美、创造美，设计师更多地是怎么去安排生活，而生活的本真就是回归自然、敬畏天地。所以我觉得设计师的平衡能力是最重要的，作为设计师，你要懂得怎么去平衡你的时间、平衡资源、平衡金钱、平衡最终的效果和功能等，你把这些东西平衡好后，最后不一定是最漂亮的，但一定是最合适、最完美的解决方案。

## 寄语

我希望郑中设计慢慢地变成一个更好的平台。首先是让更多的设计师能够在这个好的平台里做出好的作品，也为社会做出更多的贡献。其次，如果可以，我希望能够把中国的设计、中国的创造向外面推广，把东方的智慧推广到这个世界其他的地方，让世界其他地方的人能够认识到中国设计的美丽。

我觉得这是一件非常好的事情。

知 竹
CONTENTMENT

# 坚持美的经营，深耕乡村美学

杭州·素墨堂设计始创于 1996 年，距今已 26 年，这是一家在人们眼中甘于做平常事的设计事务所。在素墨堂的字典中，找不到做大、做强等词汇；在公司的设计合同中，有小到某个花瓶和菜单样式，也有大到几万平方米的度假空间。从一砖一瓦至一花一草，杭州·素墨堂是誓将美学观念贯彻到项目的每一个细节的设计事务所。

杭州·素墨堂设计创始人——沈勇，企业管理专业出身，60 后的艰辛成长过程，铸成沈勇执着到近乎顽强的性格。1996 年，沈勇成立了为企业提供管理咨询、策划和品牌设计的事务所，在浙江省制造业如火如荼的发展环境下，素墨堂成就了无数个行业梦想，与此同时，素墨堂也因此形成尊重规律、注重细节的踏实的公司文化，以及坚持“美的经营的理念”，在短短的十余年中，素墨堂为多个领域打造了诸多领袖品牌，涉及化妆品、服装、家用电器、IT、房产、市政公共设施、传统制造业等几十个门类和专业领域。

2009 年，杭州·素墨堂设计与万科达成战略合作关系，为中国第一小镇良渚文化村打造生活配套细节，在长达八年的时间，素墨堂从项目核心理念的规划、视觉传达，到室内空间、部分配套建筑、景观改造等，全过程完成多项细节打造，良渚文化村也从一个乡村升华为一个集乡村生活居住、乡村审美、艺术创业等多个奇迹的空间。

杭州·素墨堂设计认为：未来设计不是一个独立的专业，它是整体系统中的一个重要环节，其前端链接项目的艺术特征、文化气质、商业定位和产品价值等策划意图，后端呈现项目的创意、

**沈勇**

杭州·素墨堂设计创始人、总监
语自在 UTTAMAM 品牌创始人
InSeason 莫干山·隐西品牌创始人、设计师、书画视觉艺术家

语自在 · 安吉青梅树下老灶台

体验感受、消费愿望和文化延伸，最终实现项目的完整闭环，对项目系统而言，设计承担了重大的责任。

在这个基础上，杭州 · 素墨堂设计将设计理解成人的优化活动方式，即最具美学价值观，最经济、最有效的行为模式；将设计解读成处理各个元素活动之间的关系，即人与物、人与人，以及人内心世界的互动。设计表达彼此节奏、韵律和色彩体块、机理对立和谐等，需要体恤和聆听，优秀的设计是悄无声息，没有痕迹的，在整个环境结构中眷顾着各个关系，使每一个点都能在有序或无序中自然而然，我们把它称为“平衡与和谐”。

## 四季之美，大美如斯

2014 年，素墨堂完成了第一个乡村度假产品——InSeason 莫干山 · 隐西 39 精品民宿

InSeason 莫干山 · 隐西是当下、应时的意思，其设计理念强调民居和环境的特殊关系，让体验者感觉到环境、色彩、温度、声音变幻带来的极致体验。城市之外有乡村、湖泊与山川；当季之外有春、夏、秋、冬。奉行的是时间和地理交错的山水主义。

InSeason 莫干山 · 隐西 39 精品民宿共设水院、山院两个部分。水院有听溪、悦村、晚香、田然、九竹、花开 6 间客房，公共区域有接待大厅、图书阅览室、餐厅、阳光泡池、观景凉亭；山院有黛墨、苔绿、醉红、天青、琥珀、月白、竹语、茶香、素枝 9 间客房，一个可同时容纳 30 人就餐的餐厅，独立户外泳池、儿童乐玩沙滩、户外林间休闲区及观景露台。水院建筑主体由原有民宅改造而成，保留了基础的木制梁柱

语自在 · 安吉喜水休息区

语自在・安吉云居和草庐茶空间

框架和部分土坯墙体，和山院一样，取暖全部采用水媒地暖；山院建筑为全新框架结构，三层建筑总高 10.5 米，景观绝美，周围有上千亩的翠绿山竹，珍贵树木无数，不时从远处传来翠鸟鸣叫。

InSeason 莫干山・隐西 39 精品民宿从建设初期就强调项目定位及品牌的气质，将山水主义的核心理念融汇于民宿的设计和建造中，尽量不破坏自然山水和植被，以保持原生态的状态和原始面貌，以及原始村落的建筑人文自然的状态。为此，在营造中我们尽可能使用当地的石材和木质结构元素，聘请当地的工人运用在地的工艺和技术，在呈现传统民居特色的同时，InSeason 莫干山・隐西的产品定位是舒适、通透和现代时尚的简约风格，以及隐约的禅意风格。

做一个能敞开呼吸的建筑，除了空气，还有绿色及湍急溪流的天籁。她能随时随地感觉到四季变动的真实。隐西不偏不倚地执行对自然的尊重，不伤草木，自然唏嘘间应时而动，呈现天人合一的空间诠释。

InSeason 莫干山・隐西的面世，颠覆传统民宿季节性强、不注重客户体验、产品附加值低的缺陷，业绩突出，获奖无数，被客户热评成“网红鼻祖”，并于 2017 年，获得莫干山第一，也是唯一的“白金宿”行业评定。

## 天人合一，传统之美

如果说 InSeason 莫干山·隐西表达的是建筑和山水关系，那么 UTTAMAM 语自在·老杭州墙门文化民宿则代表了流逝的居住传统和现代城市化进程中的场景关系。

UTTAMAM 语自在·老杭州墙门文化民宿为城市民居类实验作品，项目坐落于杭州 4A 级景区桥西直街同和里 11 号，为杭州城区运河西岸极为稀缺的老墙门院落式民宿，共有“色宽”“介格”“什格”“发靥”“扯空”五个花园客房，客房多数保留独立景观天井，并全部采用智能化控制系统。

UTTAMAM 语自在·老杭州注重保留老杭州文化传统元素，融合现代设计手法，将花园、庭院、连廊、天井等传统元素交错叠合，呈现当年杭州传统院落之美，时尚解读传统教科书式空间样本，再造行业标杆，民宿有舒适的功能性公共餐厅，侘寂风格的独立宋式茶空间将给客人独特的空间体验。

2019 年 1 月 24 日，UTTAMAM 语自在·老杭州在法国罗浮宫装饰艺术馆获得 I-Ding 国际设计大奖。此殊荣是国际社会、设计界对民宿行业的认可，也是民宿业在国际舞台展现自己文化价值的实证。评委一致认为语自在体现了设计师在文化的在地性和现代时尚文化背景下的思考和实践，一个小而美的民宿项目因其突破在地文化和现代时尚的融合，以及对于传统和创新的思考，受到国际设计界的肯定。

语自在·运河茶室庭院

## 诗意地表达乡愁，寓美于情

如果说 UTTAMAM 语自在・老杭州是江南庭院里的婉转佳丽，玲珑雅致，那么 UTTAMAM 语自在・安吉，则更像游走山野的摩登女郎，融合了侘寂风和巴厘岛的格调，够大胆，也够风情。民宿占地面积奢侈，三处建筑呈现了三种迥异的风格。

一栋白色的三层小楼通透明亮，玻璃窗框住竹林绿意，走的是极简风。另一栋低矮的两层建筑，南北通透，前面正对无边泳池，后厅又有芭蕉庭院，侘寂风和现代度假风完美融合。由夯土墙、老灶头和玻璃花房组成的深夜食堂，装着山林风月，盛满四季风物，慰藉的是客人的八方乡愁。华灯初上，泳池底部的灯光全部亮起来，一池碧波荡涤着晶莹星光，在岸边点上蜡烛，倒满红酒，三五好友或亲密爱人在这里“共此灯烛光”，如此浪漫的场景，又有谁会不心动呢！

12 间客房分布在两栋建筑里，功能配置丰富且齐全，风景又得天独厚，语自在倡导的“度假美学”理念，在这片山野空间得到了完美展示。“春迟未见梅”“结队同秋荻”“云重迟飞雪”，语自在的“度假美学”也体现在民宿的房间命名和设计上。以诗词区分房间，是美学小心思的落脚点。房间内的格局则是对美学的直观演绎，大床房和 loft 房的落地窗，或直面星光泳池，或赏庭院花木扶疏，或听风吹竹林打叶声，一房一景，不重复，不将就。尽管每间客房的风景不同，但熟悉的属于语自在的软装风格仍是一贯舒适又有质感。沾满岁月痕迹的老物件同样是女主人的精心收藏。蒲垫、原木、亚麻等天然材质的家居仍然是舒适度的保证。

语自在・安吉草舍泡池

语自在・安吉知竹泡池

语自在·运河餐厅

隐匿于安吉青山绿水乡村小山坞的乡村度假民宿，只有 12 间客房，却获得 2021 年连续三个月小红书人气关注度和转化率前三强，这里竹林环绕，清静纯净，充满家乡怀旧色彩的乡村风情，时尚元素、艺术气息交相辉映，混搭而有层次。UTTAMAM 语自在·安吉，体现“远离尘嚣，诗意乡愁”的设计理念：大量采用可回收的天然材质，如水泥墙、藤编、亚麻、木材等，民宿还配置大量与度假体验结合的驻停空间，即多重体验和内容层次饱满的公共空间，如各种风格的茶寮、阳光房，使人得到更好的放松。

返璞归真的侘寂风房间与户外泳池、大景观休闲露台、竹林茶室，以及真火壁炉、披萨烤炉等，都是白领的最爱。不同风格的客房，全部配置水地暖，全智能化科技全区域覆盖。

## 归去兮，岁月如诗，田园放歌

*每个时代有属于他们的度假方式，人心不同，人性相通，解密人性的焦灼点，就能开启度假蓝海的新纪元，莫干山如此，广西也是如此。*

——沈勇

颠覆同属广西喀斯特地貌下的传统度假产品概念，是崇左LUX·秘境度假酒店项目本身面临的巨大挑战。杭州·素墨堂设计通过逆向的思维方式，梳理从资源到产品客户、渠道、服务的所有内容。将山水资源、环境气候、地理交通、消费心理等因素进行综合评估，最终确定在一个高配置的价格环境下的高端客房及服务形态，并以这样的终端产品要素来构建我们的建筑和空间认知，逐步展开，围绕这个产品的时间轴线，确定丰富的主题内容，渐次丰满、完善，这是一种新度假产品和模式的创建方式，我们需要以全新的方式来满足度假者不断升级的渴望和阈值。

与以往的先建筑架构，后室内软装的思维模式不同，崇左LUX•秘境度假酒店的设计创意，体现了以客户体验为产品核心竞争力的前置条件，正是这种逆向思维，彻底颠覆了传统设计流

广西崇左 LUX•秘境丽世度假村大堂

广西崇左 LUX • 秘境丽世度假村套房

程，凭借山水景观、人文资源、独特的跨境文化和建筑空间等，完美打造了崇左 LUX • 秘境在行业竞争中绝对和无可复制的核心竞争力。

山水尺度是项目亮点，如何保持这种优势，并与建筑及人相互融合、交相辉映，是作品从概念到设计落地的技术性问题，春夏秋冬、日落日出、阴晴圆缺，都会让产品与山水关系发生变化，这是一个复杂变化的多维度空间体验。建筑俯仰山水间，需要在空间上有所克制，注重迂回和曲折地表现人居需求，最终使人获得完美的度假体验。在酒店设计中融合自然的独特理念，与毗邻的清澈河道和高耸峻拔的山体形成柔美的风景线，建筑线条简洁明朗，立面大量采用本地石材贴面，大面积地区特有的热带植物成为最重要的景观植物，能更多地凸显在地自然属性，传达崇左 LUX • 秘境接轨国际化和在地性文化融合的产品特性。

作为目的地度假产品，我们认为：真正的体验之旅从走下航班舷梯，踏上广西土地的那一刻就开始了。温暖的气候，空气中弥漫着四季不同的水果香味，都构成客人对崇左 LUX • 秘境的第一感受。沿着中国最美高速公路，一路往西，沿途秀丽的田园风光，巍峨高耸的喀斯特石灰岩，比比皆是，两个小时的车程，经常有阴雨或明艳的晴热天气，映衬出炊烟袅袅的田园风光。经历这样的旅程后如果直接进入酒店大堂，客人会有一种熟视无睹的失落感，

广西崇左 LUX·秘境丽世度假村云醉酒窖

为此，我们设计了一段村落寻幽探胜的前戏过程。

酒店入口处，穿越具有壮族浓郁民族风格的干栏式房屋，连廊曲折，疏密有致，其间穿插展陈的本地传统生活、农耕用具，再现广西壮族传统部落生活原貌，穿越传统生活导引区和沁水笔直的廊桥绿荫道，两侧的旅人蕉参天蔽日，可以遮挡灼热的阳光。沿着廊道，通过圆形的观光电梯，进入接待大厅，宽阔的 400 平方米的大厅，5.8 米挑空，无立柱，18 米超宽全景大画面，震撼呈现大喀斯特原生地貌，远处的阡陌交错的农田，大片的水稻和远处农家的袅袅炊烟，再现出一幅“天人合一”的中国传统大山水意境。

在室内，我们匠心独运地设计了错层，8 米宽景，从步入客房，到下沉区域，视觉面会突然打开，高大宽阔的高耸的碳酸盐岩石，清澈的明仕河，呈现丰美而震撼的田园山水视觉景象；3.3 米超高户型，宽敞明亮，通风自然，温凉相宜；室内灯饰、家电，全智能化控制，随境而变，一键场景设定，六种模式自由选；超大露台天体温泉泡池，火山岩饰贴面，畅享田园山水，呼吸天地之间，如沐春风，有舒缓心灵、唤醒身体之效。

酒店同时配备公共设施：可同时容纳 150 人就餐的“云雀早餐厅”，为客户提供美味的越式美食和别样的异域风情；“寻醉酒窖”私藏红酒和地道西餐，现场烧烤烹制；延展天幕泳池、健康桑拿、公共阅览区、“问茶”、“梦剧场”影视厅、“居上客”共享餐厅、“淘乐吧”、绘本馆等体验空间和娱乐场所。

黄昏时间，夕阳西下，客人登高西望，欣赏在日暮下的喀斯特，平流云如暮霭，在高耸的山尖缠绕，远处有田家牵牛暮归。

及至夜幕降临，天幕超宽泳池深处开启呼吸式荧光，苍穹之下，星光点点，顶层露天演艺夜酒吧开启营业模式，爵士音乐加上浪漫英文歌曲，热情奔放的外籍歌手登台献艺，美酒咖啡，觥筹交错，恍若隔世。

那些我们选择植入酒店的软装生活，构成我们的故事！造访一家酒店，就会走进酒店主人的经历与情感！这份山与水，人与自然的美好构成，我们不能辜负！

广西崇左 LUX・秘境丽世度假村露台

广西崇左 LUX • 秘境丽世度假村泡池

酒店软装以野奢、精致、天然、现代的对撞构思，大量运用自然原始手工制品元素，融入简洁的建筑线条中，提升艺术性与广西少数民族的在地性识别度，突显酒店独有的文化品位和气质；酒店全部采用高端胡桃木原木家具，展现良好的触感与温润的色泽；藤编靠椅材料采自印尼手工天然藤束，历时半年的特殊工艺处理，使其自然风化，沧桑的色泽和质感呈现时间的斑驳，坐感舒适，搭配粗布软垫，给人极美的度假放松体验；床旗采用重磅野生柞蚕丝，粗放的感觉，自然的咖啡色系，与室内的石头墙体形成柔美与朴实的自然肌理。

房间的落地灯曾获得德国红点奖，像极了传统在地斗笠。精致的铜制家具均为设计师量身定制产品。连屋内盛放水果的老木盘均为整木挖制，古拙质朴，平静而又生动；公区灯具均为当地阿姨用天然草一根一根手工编织而成；席间茶巾、餐布等软装布艺均为现在极为珍贵的手工粗布及刺子装饰，传递生活的痕迹与壮族文化气息；每一件给客人的用具，一个托盘，一份下午茶，甚至一个小小的器皿都是精挑细选、经过反复测试后定制的；酒店每个区域会采用特调的香茅草香氛作为主基调氛围，让客人放松心情；每一场户外活动，我们都会专场布置，让客人以最贴近大自然的方式，体验最浪漫的野奢。

岁月无情，山河有意。崇左 LUX • 秘境，历时四年，历经 1500 余天，终于揭去神秘面纱，每一片山石、每一道河流，一砖一瓦，其中艰辛自知，好在终于圆满落幕，没有辜负这篇山水文章。

## 大海与艺术的对话

### 象山语自在 UTTAMAM · 沧海

东邻沧海，南望象山，位于象山高塘岛乡的语自在项目，重组多种环境资源：废弃多年被盗采的石矿；亟须重修文保建设单位，潮汐发电站；地处金高椅码头的出海口要道；长达 83 米的深海码头，这里风月无边、山海同框，南望国家 4A 级景区花岙岛，北岸为东海海岸最美徒步线，海面上渔船来往穿梭。素墨堂设计将重组多种具有特色的环境和自然资源，打造首个东海潮汐艺术馆，建筑风格紧扣东海滩涂的气质，17 个客房，超大公共区域，悬崖无边泳池面临无敌海岸线。

象山语自在 UTTAMAM · 沧海于 2022 年底正式开业。

随着中国经济的新一轮成长，国家和百姓的综合实力也将进一步得到提升，除了度假产品市场空间，如何重塑文化自信，用国际化设计语言，构建中国的乡村美学，是未来振兴乡村的一个重大课题。“耕读传家”的传统生活方式逐步退出历史舞台，广袤的中国乡村，将迎来自然山水的重启，人的内心和环境的关系将被重新定义。尊重传统，重构传统美学，将在地性和新的设计语言融合，让更多的年轻人融入时代、融入乡村，是未来中国的一个巨大的发展空间和成长的红利期。

象山语自在 UTTAMAM · 沧海效果图

# 重构设计，让建筑回归本真

## 一个最了解大江南北的杭州人

有人说，我是一个特例，是他们遇到的普通话说得最标准的杭州人。是不是最标准我不确定，但我一定是那个最了解大江南北的杭州人。

听长辈讲，我太祖父考中了进士，从绍兴来杭州为官，我们这一脉就留在了杭州。近代留洋风盛起，于是就有那么几个从国外归来的。而我的父亲，虽然出生于动荡之世，清华大学建筑系毕业之后，毅然投身西北边陲，建设祖国大好河山。而我的母亲，则是西北典型的书香门第，也是当时不多的大学生。于是，南北相遇，我和妹妹就诞生了。这一待，就是 16 年。

16 年的西北生活，那片土地上宽广的戈壁，一泻千里的黄河水，都印到了我的血液里，尽管在当地人看来我还是文气、聪明的南方孩子。可其实骨子里，我早就拥有了西北汉子一样的性格，豪放、简单、洒脱也不屈，如同大荒滩中的一棵树，扎根于一处，并总是做好了卯到底的准备。再后来，16 岁的我随父母回到了杭州，开始了求学之路。我成为当时学校第一个也是唯一一个大学生，进入浙江丝绸工学院，读的是当时最热门的专业——服装设计。

20 世纪 80 年代末，我选择了一路向南，闯一闯。这是一次叛逆的决定，但对我这个从小“不安分”的人来说，似乎也不算什么。

有人形容我是行走江湖的江南才子，也有人夸我是难得具有细腻情感的塞外诗人，让我自己说，我只是一个拥有更多经历，

**杜江**

静庐澜栅创始人，“杭州 3 位杰出城市设计师”之一。

代表作品：静庐澜栅、秋水山庄、香溢大酒店、西溪天堂部分、西溪十里芳菲公共空间、江南驿新客栈等。

西北景色

感受过不同地域差异的寻常人。在我人生的不同阶段，这些走南闯北的经历，这些人生跌宕起伏的故事，如今看来或许就是无比宝贵的财富。这一处处性格迥异的水土，把不同的地域基因注入我的血液，成了未来作为设计师的我创作的灵感源泉，构建起更加丰富的时空维度。

*我的祖辈是建筑师，我的父辈是建筑师*

*从小我就以为我知道何为建筑师*

我以为的建筑师，是辛苦工作了一天，回家后趴在桌子上用一支笔，把线条填满每一张硫酸纸的人；是即便被浃背的汗水浸湿整件衣服也要保护好图纸的人；是灰头土脸跑工地却甘之如饴的人；是会读万卷书行万里路，不惜花费时间和精力，只为了去朝拜心中的历史、当下和未来的人；是那个每年暑假会带着我走遍大江南北，兜兜转转在那些历史古迹、同辈人的毕业设计，并且在我耳边一次次、一遍遍低喃讲述背后故事的人。做一名建筑师在当时的我看来，意味着进入古老而传统的行业，辛苦地工作，日复一日、简单枯燥地劳动。

而我，想要去追求艺术上的自由，不受束缚的感性创作，享受灵感迸发带来的快乐。

就这样，我成了一名服装设计师。

虽然我逃离了空间功能对设计的束缚，获得了些许的自由、短暂的艺术冲动，但最终还是无法脱离服装尺码带来的限制。这一段职业生涯，激发了我对时尚敏锐度感知的潜能。

起初，我并不能确定，自己能够胜任室内设计师的工作，所以就从自己的空间开始尝试。通过几个小的空间案例的探索，我似乎找到了信心，我的工作重心也转到了室内空间设计。通过这些不同类型的空间，我形成了独有的设计手法和思维体系。2004年对于我就像1905年对于爱因斯坦一样重要，在那一年他发表了5篇物理学划时代的论文,而我似乎在艺术上获得了“顿悟”,“对于东方文化隐喻表达”。做东方文化的旁观者，理性客观地观察、提炼东方的要素，直接但不直白地表达。色彩、形式、符号时尚化的抽象，最终展现出全新的东方审美。

2004年，我们几乎承包了杭州超过10%的房地产设计项目，截至2013年，我们每年会设计超过70家餐厅。

桐庐静庐

## 生命是轮回，设计是传承

当我在设计行业浸淫越久，设计过的项目越多，每一次路过那些建成的项目，我的内心总是自豪却又“惶恐”。随着行业影响力的提升，业务的多寡不再是我所担忧的，更令我思索的，是对这个行业肩负的责任。

回看这些年，我所从事的设计领域，每一次业务范围的变更，在旁人眼里那或许是顺势而为或站在了“风口”。其实，这其中的底层逻辑，是我们设计的反思。当 10 年、20 年过去，当潮流反复轮回，我所做的设计，是否依然能满足当时当地人的使用需求？一个好的设计师，是继续守在成功而熟悉的领域深耕，还是茫然去探索一个个未知的项目？

我从来不知道父亲对我的影响已如此之深，“做一个建筑师吧，建筑可以留百年，一个好的作品，可以延续你的生命。”而当我脑中想起了父亲的这句话时，已是父亲离开的多年后。当我回忆起父亲，那些碎片堆叠的记忆，是视觉、声音、触感、距离

桐庐静庐外景

桐庐静庐餐厅

上完全相关又不同的感知。这些不同维度的记忆和真实的过去叠加，翻译着我们过去的生活场景，传递并延续着我对他的情感。人生是轮回的，父辈的身影不知不觉就投射在了自己身上。而我们又成为投射在子孙后代身上的身影。不管承不承认，这样的影响长远存在着。当我到了父亲一般大的年纪，我也终于发现，记忆如此，建筑更是如此。

当我已经不再被“建筑师”这个词所束缚和约束，在设计中找到更多的自由；当我不再被项目捆绑，而是从内心去审视人性的需求；下一步我会做什么，变得非常清晰。如果你问我，那是什么、怎么做、何时做？也许就应该交给时间给出答案。

## 所有的突然，都是长久的蓄势待发

当我决定要做那些酒店，小时候的记忆又回来了。那些和父亲走过的路，那些我们一起品过的茶，那些优渥的生活带给我的好品位。将生活和记忆传递出去，把时间和故事留存下来。

桐庐静庐庭院

2010 年，有那么多的人邀请我到莫干山，去建造我的“Dream House”。

走过全世界的我，在那一年，窝进大山里待了许久，这里或许已经有了我要的四季，或许还有超越自然的历史，但，于我而言，“一切，还没到时候”。

有人才有江湖，有人才有故事，有人才会有同伴，有人才会有知己。如果在那时，我的 Dream House 早早出现，那她一定会成为一种孤独，热热闹闹里等待知己好友的那种孤独。无论从商业逻辑到消费者，甚至是大的环境和市场，都在告诉我，“再等等吧！”面对大量的邀约，拒绝是当时最合理的回答。

年历又往后翻了四年，在持续的关注和等待中，我接到了外婆家吴国平的电话，当时他想要在桐庐的深处打造一处他的民宿。作为设计师，我被邀请到青龙坞看一看，我欣然赴约。沿着土路一路深入，抵达这个小村落，我远远望见了站在对面的吴国平。沿着小路，走近几栋破旧的房子，这几栋在外人看来毫不起眼的房子，在我看来却拥有和我心中 Dream House 很匹配的气场，以及刚巧有我想要的视野。我从屋前踱步到溪边，又沿着泥泞的小路回到门前，356 步，15 分钟，“就是她了”，静庐澜栅。

这十几分钟背后，也许不会有人知道的是 4 年漫长的等待和积累，是大量时间和精力的花费，是全世界精品酒店地毯式的体验。所有的快，都是慢的等待，所有的突然，都是长久的蓄势待发。

我们的静庐澜栅，是一家精品酒店，是一家带有温度的民宿，是一处展现着中国乡村风貌和生活状态的生活场景图。是我走过的路，做过的设计，说过的话，留下的记忆。

如果给一个项目打分，设计可能只占 30%~40%，而运营则占据剩下的大分数。这个项目的成功与否，完全取决于合作方的共同分数。当你做到满分的时候，如果你的合作方只达到及格，那么等于你们始终在温饱状态徘徊。但如果你挑选的合作方，本身已经达到 80 分的状态，即便你并没有比他优秀，但你们已经比其他人优秀了太多。

我也许就是那个 80 分的合作伙伴，而小妤的出现，则是为我加上了另外 80 分。于是，我和小妤，花了 8 个月的时间，打造静庐澜栅—— 一个属于中国人又属于全世界的中国乡村度假产品。你能在中国的农村里，享受到全世界最极致的乡村生活。守着稻田，听着雨声，品着红酒，身后农家的土灶传来阵阵香味，不久之后，土猪肉就要炖好，一场饕餮盛宴等待着你。这种无国界的乡村度假产品，相信是能跨越时间和空间维度，留存很久的产品。

桐庐静庐庭院

桐庐静庐餐厅

## 没有风格，只有性格

静庐是一家有性格的酒店，因为从一开始，我们就是按照“人性”去打造它的。

刚做设计的时候，设计师大多凭借的是感性的因素。而当你的作品受到认可和肯定，那就会逐渐形成自己的风格，那些感性的因素，之后也变成了具有思想的体系。当而我们做静庐的时候，不是感性，不是理性，更多遵循的是人的心理状态。

在开店之前，我们就基本知道未来的客人的性格、审美取向等，所做的环境和布局，就会更具有针对性。就拿平面设计来说，任何细节和动线都是经过设计和考量的，具有功能性，也具有场景感。所以你在静庐的每一个角落坐着，都会感到舒适，不受干扰，能坐得住。

山中岁月长，一栋老屋，屋后有座山，门前是条溪。老木柱、老石板、竹躺椅，门外是从未改变的山居生活。而土夯墙的背后，扑面而来的则是都市的精致和摩登。一个满足现代人需求的乡村度假空间，“生活已经如此疲惫，来到山里，就不要想着吃苦的事儿，好好享受才是正事儿！”

中国人有中国人享受农村的方式。我们保留了乡村最“土”的部分，因为那代表了我们的根基，代表了我们的过去，那里有着融入基因的回忆和故事。而我们又满世界去找寻最时髦摩登的所在，这些极致的品位，能让人好好享受当下的生活和时光。有些事，它原本就存在于乡村，那么我们就把它更好地保留下去，例如土灶。有些事情，虽然在城市里也能做，可换个场景，也许会让矛盾冲突中带有一些喜剧感，比如用世界上最好的水晶杯喝限量的红酒。对立不冲突，矛盾不拘束。在这熟悉而陌生的环境里，我们会给你们全球旅行的体验。

除了生活场景营造展现的是东西方文化的对比，在静庐空间材质的运用，也需要对比。我们用不同的温度展现这个空间的魅力，它从何处而来？材质、灯光，这些都会影响这个空间的亲密度或疏远程度。在静庐的不同角落，我们保留了木头原本的色彩和状态，去拉近人与人的距离。同时，我们又去意大利购买了铁艺，在需要刻意保持空间尺度的地方进行运用。那些水磨石被用来替代冷冰冰的石材，就是为了让人在走进房间的瞬间，感受到来自主人的关怀和欢迎。当我在设计服装时，色彩是除去材质之外，最重要的部分。而建筑的空间表现，一样如此。那些木头被保留了原本的颜色，它们不同的色泽除了展示健康有机的自然生活，更多地去展现空间的柔软度。当你对一个地方的要素进行提炼和重新解构，当你重新认识这些元素，把这些直接但不直白的色彩、形式、符号进行时尚化的抽象，静庐的“水与火”之歌，出现得就极为合适。门前的小溪，终将奔腾流入富春江，那是时而宁静时而欢腾的水的性格。

龙南静庐露台

壁炉里点燃的炉火，跳动的火星，既驱散了山里的寒气，又驱散了人们阴郁的情绪。动静两相宜又动静相惜。当然，新与旧，在地材质的重塑改造如何与先进的建造工艺进行结合，那就更需要建筑师进行理性的思索。

除了空间的打造，设备的使用也很是讲究。现在我们为客人提供的产品，是我们理解的生活的基础。那些顶级的卫浴产品、来自世界各地甄选的器具和食材、自然有机的在地风味，并不是因为它们昂贵或便宜的价格，而是因为我们注意到它们所拥有的价值，符合我们客人的喜好，能匹配客人的生活状态，这才是它们会出现在静庐的原因。而“静庐”的选品一直很有格调，毕竟你很难让一个游历过世界的人，放弃审美标准；你也很难让一个本身就厨艺超群的人，放弃对美食的追求。大概这就是静庐的伴手礼总是那么受欢迎的原因，从一杯桃花酒，到自产的茶叶，甚至是店里用的咖啡杯，“讲究”或许就是对这些食材和器物最大的敬意。

“在物质极度丰富的年代，我们从未如此便捷地获取我们所中意的一切，但我们也从未如此快速地厌倦这一切。”静庐会去寻找一些凝萃了工艺和时间的东西，用品质让你去品味时间和生活的美好。“这些资源是有限的，但我们希望因此而带来的享受是能够不断生根发芽的。”

同时，这样的选择又很随意和轻松，并不会有“拘束感“，说到底，所有的一切都是为了让这一次乡野度假更舒适而准备的，是为了让客人的吃住更舒适而准备的，这样的奢享不应该带着强人所难的戒备感和压抑感。

静庐，从来都不是试验场，而是我们这么多年设计精髓的沉淀。静庐最终呈现出来的状态，其实也是我和小妤本身生活状态和审美取向的延续。与其研究静庐的风格，不如说，静庐展现的恰好是我们真实的性格。

作为静庐的主人之一，我和小妤有着约定。我负责设计，但静庐运营期间所有的事情，我只有发言权，却没有决定权。我可以提建议，提想法，但最终拍板的是小妤。我很庆幸当时做了这样的约定，现在看来小妤确实是最合适的运营者，她把自己喜欢的都市摩登、有品质又有仪式感的生活带到了这个古朴的乡村。

我们邀请世界级的音乐家，来到这山沟沟里开一场音乐会，主人、宾客、村民还有山间的植物、村里的动物，都是听众。秋天，天气微凉，青龙坞又被打造成了最热闹的脱口秀开放麦场地，对于都市人来说，没有什么不开心是笑一笑不能解决的，如果有，那就再加一场。冬天的时候，我们打开地暖、升起炉火，噼啪作响的柴火带来了温暖，也把披萨、烤鸡、红薯、玉米这些好吃的送到客人面前，原始的生活，却也时髦。

我们把所有的对比都做到极致，这就是我们理想的乡村生活。

这就是为什么，我们只用 8 个月就打造了静庐，却花了那么多年去拒绝诱惑，拒绝不合适的合作邀请。2022 年，是静庐开业的第 8 年，我们也打算把静庐带出青龙坞。

下一站，龙南

围屋，守住族人的一方平安

龙南县地处赣闽粤边区，地广人稀，相对偏僻安静，却又是客家人理想的栖身之所。特有的地域文化和人文风情，将客家围楼这种极具特色的民居形式发挥到了极致。外可防，内可守，还有备荒的暗井、御敌的炮楼，成了客家人的围屋，这些坚固的青石砌成的“家”，给了聚族而居的客家人无比的安全感。客家人，互相协助又互相独立。每一个小家庭，在这里汇聚成一个大家族。古老的客家围屋，是客家先辈们继承了中原古文化的精华，又在新的生存环境里进行的独特创造。这是生命的选择，是客家人精神之所在。

在这里，一座围屋民宿小镇，“蓄势待发”。

江西赣州龙南围屋民宿小镇，建筑面积为 118702.3 平方米，

龙南静庐餐厅

龙南静庐书房

项目以客家文化深度体验、参与、互动为导向，按“一轴一环两核五区”总体布局，规划分三期建设完成，主要建设内容为客家风情体验核、网红会客厅、康养度假区、客家风情区、民宿体验区、客家文化主题社区。围屋正以一种特殊的空间形态成为无可比拟的旅游 IP。

客家千百年文化在围屋凝缩升华，那些珍贵的建筑工艺在这里得以保存，其自身的空间特征也为民宿入住、打造创造了条件。老乡离开的围屋，通过改造，可以形成特别的住宿体验，丰富旅游目的地的度假感。

而围屋既独立又有联合的空间形态，与民宿酒店的需求也正好契合，这就给了以民宿激活围屋传统空间的机遇。而民宿与宿集的关系，就像家庭与家族的关系。其聚落形态和聚落的空间内核恰恰体现出围屋的空间精神，也升华了客家围屋的传统文化。

### 深藏不露的桃源静庐

在这片深具江南文化神韵的土地上，流传 5000 年的桃源情结不再踌躇，诗意的栖居亦无须远赴山海，在城市恰到好处的距离，就能体验一场桃源文化的浸润。“山有小口，仿佛若有光”，创造出迷失于桃花源的独特度假体验。在这样的桃花源中，我们将历史之美、文化之乐、艺术之绚丽展现出来，还原品质生活之“真”！

### 春、夏、秋、冬

关于未来，我有过畅想。我将拥有四家风格迥异、审美相似、故事堆叠的小酒店。在这世界上，知名或不知名的角落里，这四家酒店，他们如同一个人，在那里感受极致的四季变换。春、夏、秋、冬，一窗一景，一心一境，每一个季节的绚烂魅力，都有一家酒店来展现，看 365 天的时光，在你身边流转而逝。

这四家酒店，也不再只是建筑，他们会成为所有人的记忆。是那些见证了他们矗立的人的记忆，是来自不同国度、说着不同语言人的记忆，也是那些认识我而我可能不认识的人对于我的记忆。我是幸运的，多了建筑这样的载体，我能把自己所感受到的世界之美、自然之美、世间之美，传递给未来的亲友孩子们。哪怕他们从未见过我，我好像也能如童年时的父亲般，在他们耳边诉说我的故事，诉说那些我未曾开言的情感。

或许他们会骄傲地向朋友展示，或许他们只喜欢默默怀念，这种既热闹又自我的感受，只能通过建筑来传达，而且还能很久。

龙南静庐 / 静里寻茶

# 藉物修行，物我两进

2017 年春天，当我走进同心路 1 号院子的时候，这里原来的租户都已经搬离，一切仿佛都在静默中等待下一次的唤醒。略显破败的房屋，质量并不太好，代表了 20 世纪 60—80 年代经济匮乏的窘境和大建设的遗留。未及拆除的标牌上，依然可以遥想地块曾经的繁华，那是一个特殊的历史时期，人们虽然贫穷，但是依然不忘对生活乐趣的追求。当这一切像云雾一样散去的时候，距我开始做建筑设计已经 22 年，开始木作设计也有 9 年。

往往破落的房子对建筑师总有一种莫名的吸引力，因为建筑师总能够通过那些残垣断瓦，快速在脑海中构想出一个心目中理想的未来。但当我跟我的朋友热情地描绘，这里将会变成上海市虹口区最高级的餐厅和一个最有艺术气质的空间的时候，没有人相信我，但这并不重要，我相信就行。

2017 年，建筑设计行业还处在风生水起的最后高潮期，大量的房地产项目滋养了无数对未来充满憧憬的设计机构，但是对我的事务所——米丈建筑来说，日子从一开始到现在基本上没有太大的变化，因为我们总是做一些不适合大量复制生产，会耗费特别多精力去突破的项目，因此日子对于我们来说无所谓好坏，相对来说，它一直都不那么好。

对于成熟的现代社会而言，建筑设计是一个特别古老的行业，换句话说，它也是一个夕阳行业，建筑设计并不是一个能赚很多钱的行业，但中国近 40 年快速的城市化，给了大多数从业者一个不太真实的境况。设计逐渐成为一个非常有效的致富工具，而非一个对于美好事物的创作工具。2005 年，我离开了一家全国最有名的大型的国有设计公司，直到现在还有人问我为什么当时

**卢志刚**

主持建筑师、艺术家
米丈建筑 / 米丈堂创始人
青藤美术馆馆长

改造前后对比

会想着离开，当时已经在那里工作了 8 年多，似乎拥有着很不错的职业前景，但是当我冷静下来思考这个职业的本质的时候，会发现真正的设计都是极具个性化的，每一个设计的物品都饱含了设计者本身的性格和特质在里面，这是无法用一个组织体系或者一套机械的规则去代替的。把设计看成一个艺术的创作过程，这中间最可贵的是坚持自己的观点，不妥协。而建筑在中国的商业社会当中，往往都是以妥协作为实现目标的手段。

而从更宏观的中国社会发展来看，讲究的是“修己以顺天”（控制自己的欲望以适应有限的资源），一切我们身外的事物都是为了实现自我修养的工具，是之谓“君子善假于物”。所以中国的历史遗留物，总是脆弱和易毁的，因为我们对人的重视远远超过了物。而西方是秉承“修天以顺己”（控制自然来满足自己的欲望），这截然不同的路径造成了不同的结果，我们可以看到西方既留下了人，也留下了无数可以长期追溯的物。因此，对物的发明创造在西方是一个终极的目标，而在中国，将自己修炼得更好，才是我们做一切事情的初衷。但中国的传统思维在时代冲击下，已经发生了巨大的变化，中国人是善于学习和调整的民族，将物的修行和自我的修行结合起来，既不像西方以物为目标，也不似东方以人为唯一。通过对物件的创造来修行，让物件日臻完善的同时，让物和自己都得到巨大的进步，相互促进，相互成就。对于从事设计的我来说，在想清楚这个道理之后，接下来就是在设计实际项目的过程当中将它付诸实施。

## 米文堂艺术生活空间

同心路 1 号原本是解放军后勤部门的仓库和维修工厂。多年前就改做了日常的经营使用，国家政策不允许军产作为经营用房，这部分产业就转到了国有企业绿地集团的名下。他们需要一些有文化内容的业态入驻，因此找到了我们。同心路 1 号的这 3 栋两层楼的老房子，总面积 3600 多平方米，恰好满足我们的需求，而且地块处于上海内环线以内，地段也算不错，有挺大的发挥和想象的空间。当需求端和供给端完美匹配的时候，事情就这样一

改造后的镜花园

改造后的云厢汇会议室

拍即合了，我们唯一提出的条件就是自己进行改造，这样一来，在城市更新开始之时，我们就可以按照自己的设计意图实施一个样板房的项目。针对城市和建筑更新的想法和手段，这是一个非常好的实验和实践机会。当真正开始着手做的时候，我们也深刻地理解了大多数甲方给予设计者提的要求，“少投入多产出”是多么的合理。除去建筑设计需要的办公空间，木工坊的生产和展示空间以外，剩下的部分在内容上的丰富和填充，成为一个非常重要的命题。如何在空间内形成一个自我循环、互相服务的良好生态，对于空间的持久运营是非常关键的事。这些也都是我们在日常项目设计中遇到的具体问题，只不过我们的思考和站位角度与现在不一样，仅仅提供设计服务时，我们很难身临其境地处在一个开发和运营者的角度上去思考设计的问题，但是一旦当你处在这个位置上去想这些事儿的时候，你会非常理解在设计中甲方的要求，那些看起来也许是建筑师觉得不可理喻的要求，这就是所谓的设计同理心。而且当你在做设计，更多考虑向上策划端及向下实施端的一些问题的时候，设计的抓手会更加明确，你的目标方向也会更加清晰起来，对于设计形式的控制，并不是只凭拍脑袋的想法，而是通过很多具体的要求和限制条件，得出更确切的解决方式。

我对建筑设计和未来事务所的方向，也在这个时候有了一个彻彻底底的反思和总结，如同对于任何一个艺术家而言，标志性的语言和独特的性格特征，是识别一个艺术家身份的重要条件，对于创作有个性的作品，也具有决定性意义。我们从三个方面，展示物和人的演进，也由此树立起自己独特的身份识别和艺术观。

## 与文化的连接——从木作到建筑

“与文化的连接”是我们的创作方向。人们靠着自身抽象能力的象征体系，不仅累积了自己的经验，也累积了别人的经验，并且一代代地传承下去，这种传承的方法，就是社会共同经验的累积，也就是我们常说的“文化”。当我们仔细分析中国传统艺术发展和经济社会哲学各方面的成果的时候，你会发现，大部分的累积和思考对于当下的世界还是有很强的应用和实践意义的。我国现代建筑从一开始就全盘引进西方的技术和方法，对于我国建立起现代意义上的建筑设计行业来说，有不可磨灭的贡献，但是一旦我们掌握了现代建筑的基本方法之后，会更加深入地去思考，如何和我们所处的这个文化背景进行连结，形成中国当代的在地性和文化性的表现方式。

这个观点在我们做木作设计的时候，表现得更加充分和明显，我们从 2008 年开始进行木作设计和制作。源于 2003—2004 年，我在法国留学的时候，大部分的法国建筑师工程项目是不饱满的，这和法国社会发展的阶段有关。他

改造后的镜花园的门头

们中的大多数都在做一些与建筑相关联的设计工作，一方面拓展了建筑学的领域，另一方面也拓展了建筑师的职业范畴，这对我的触动是非常大的，因为当时所有的中国建筑师都在忙着大干一场，使新的工程尽快上马，基本上很少有人想到未来，当城市化发展到一定程度以后建筑师的职业发展路径。所以，在做事务所的同时，我们开始了木作设计和研究工作，因为对于中国的建筑师来说，木工和建筑师在传统的职业范畴当中就是一体的，建筑师如果想去做一些和建筑稍微有差异的工作，首先可能想到的就是家具设计和制作，当时也有一些设计师开始做设计师品牌的家具产品，但大多数是室内设计师，因为所做的产品很容易和他们的设计项目进行链接。而我们开始做的准备工作，就是研究中国传统的木构建筑大木作和家具小木作的系统，在整理这个发展脉络的时候，会发现其实我们拥有非常辉煌的过去、略显贫瘠的现在和不知所措的未来。明清以后，中国的传统家具系统就戛然而止，代之以西方的建构和生产体系。到目前为止，除了作为非遗保留的传统家具生产，中国的家具领域都是被西方的现代家具所统治的。而我们所理解的对于中国家具的传承，不仅仅是对于明清一些具体家具样式的传承，更多的是对于生活哲学的整体的分析和传承。当你了解得越多，你会发现这是一个非常完整的、互相渗透的体系，从文学、绘画、造型、陈设到建筑空间。

缘圆椅

双生几

米丈堂木作透明工坊和传习所

米丈堂的最初构思源于中国的传统书法，特别是宋代大书法家米芾的作品。中国传统书法艺术，是传承了几千年的中国抽象艺术，融入了中国人最根本的哲学思考。米芾对于传统的继承与创新，对于书法本身的钻研投入，在精神层面给予了我们目标和方向。在具体的艺术提炼和表现上，也具有传统和现代之美。对于米芾的研读，给予了我们丰富的创作源泉。“米丈堂”的名字，源于“米”与“丈”的中西方单位尺度，在有英文名“MINAXDO”后，我们检索到“米丈堂”，历史上就有此称谓。苏州归氏园中叠山名家、画家周时臣仿太湖洞庭西山林屋洞设计，在园中筑有“米丈堂”，米丈即爱石成癖的北宋大书画家米芾的自称。可见历史和现实在冥冥中自有巧合。

“风骨”系列是米丈堂木作最初的产品系列，设计灵感源自米芾书法之要法——“骨法用笔”，将提按顿挫、粗细转折之笔法融入每一件产品的造型结构，以体现当代中国家具的筋、肉、骨、气。

“风骨”者，有“风”之俊逸潇洒，更内具“骨”之刚毅坚韧。传统书画笔法注重行云流水之中蕴含铮铮笔意，外呈灵动，内收锋芒。“风骨”系列家具，造型流畅典雅，宛若一挥而就的行草篇章，设计制作严谨遵循家具的结构受力原理，每一处节点都切合书法行笔中的“略停”，而显得坚实有力。这一构思，作为产品的 DNA，不仅体现到“风骨”系列中，也贯穿到后续的每一件设计之中。为此我们在空间中设立了“米丈堂木作透明工坊和传习所”，现在已经成功申请了“非物质文化遗产”。

开始了木作设计实践之后，也从另一个层面，丰富了我们对建筑的理解。建筑除了现在常用的钢筋混凝土，材料性的表达应该也是一个非常重要的方面。于是我们将同心路 1 号餐厅“镜花园”作为创作对象，以木构建筑为主题，将 7 个包房赋予了不同的主题，在不同的房间里，木头以不同的面貌呈现，营造出“镜花水月诗书聚”的主题。原来的房屋是砖木结构，我们保留了那些精美的木质屋架，空间的其他界面处理与之呼应，随着植入不同的木板彩画和我们的家具作品，一个带有浓郁文化气息和木作特征的特色餐厅就出现在我们眼前。

此外，我们还打造一种更极致的体验，一个 17 平方米左右的空间，用 999 根木头通过参数化的设计，由木作师傅手工完成了一个名为“万宗归一”的茶室，所有的木棍指向房间地面中心的一条虚拟的轴线，在方与圆之间实现两种形态的转换和融合。这些不同长短和角度的木头，虽然看起来各自不同，但它们

镜花园餐厅的“诗”包房

镜花园餐厅的“书”包房

半岛艺术回响项目：Wonder Room

都指向使用者的内心。走进空间后能够迅速地安静下来，由外部的纷繁迅速过渡到平静安定。我们想打造一种只来一次就永生难忘的空间体验。“万宗归一”茶室完成后，效果非常好，完全达到了我们的目标，成为“镜花园”最别致的所在。在国内外媒体发表以后，引起了纽约著名艺术策展人 Bettina Prentice 和 Isolde Brielmaier 的注意，邀请我们带着这个作品参加了 2019 年香港半岛酒店“艺术回响”项目，在香港巴塞尔艺术展期间，半岛酒店进行了为期三个月的体验和展示，成为四件参展作品中最具吸引力和互动性的一件。尽管木作和建筑是不同的领域，但是基于传统文化的连接，我们可以把它放到同一个纬度上进行思考，呈现出相得益彰的面貌，于人的内心和使用上，形成完整而抽象的表达。

2021 年，我们又在空间中开设了“花食乡”料亭，做创新的日本会席料理，这是在建筑和文化上最新的连接。

“花食乡”料亭

## 与生态的连接——从生长到循环

现在提倡环保低碳的建造方式，似乎特别时髦，但当我们回首中国历史的时候，会发现中国人的生存哲学从一开始就强调和自然的和谐相处。与西方不同，我们往往把自己视为自然万物的组成部分，而非和自然对立，所以就有了木构建筑，有了我们和自然独特的相处方式，无论是秦观的“树绕村庄，水满陂塘”，还是陶渊明的“托体同山阿”，都将人置于自然之中，相互渗透共处。因此，在“同心路”的整个改造过程中，我们将这种人和自然的关系注入场地，花了特别多的精力来规划和种植不同的植物。当六十五棵墨西哥落羽杉和关山樱、石榴、木槿、杜鹃、山茶、蔷薇、紫藤，在场地中生根、发芽、弥漫的时候，坚硬的边界逐渐溶解，我们拥有了一方有别于周边城市空间的隐秘花园。随着时间的推进，建筑会逐渐陈旧老化，但是种下去的植物会越来越生机勃勃，将整个空间充盈起来。藤蔓覆盖了墙体，树影遮挡了屋面，建筑在此变得不那么重要，代之以四季的景致和每天变化的光阴。每个人经过入口的一瞬间都会由衷地赞叹，虽然这种自然庭院在苏州或杭州并不鲜见，但是在高密度的上海城区，它的确是做到了与众不同。

这种建筑和自然深度融合的方式，也被我们大量应用到平常的设计中，在我们设计的埭玉环溪酒店，自然、绿植与建筑互相渗透融合，从植物介入开始，建筑就发生了非常有趣的变化，因为这种变化，建筑产生了新的面貌，这是一种不断生长变化的形式，在时间当中成为永远值得期待的未完成态。

更进一步的是，我们希望以更新的建造方式来消解和改变原来建造当中的不恰当性，在更宏观的维度实现与生态的连接。因此，我们深入研究了高强水泥 3D 打印技术，利用回收的建筑垃圾和工业废弃物来形成新的建造材料，通过数字化的设计手法，形成一个可以自我循环的方式。这个和佛教中讲的“轮回”概念非常接近，每个事物经历了“成、住、坏、空”之后都会回到起点，开始一段全新的生命历程。现在我们正在参与建设一个数字化的超级打印工厂，希望能在更加可控和广泛的领域之内实现可循环、可再生的环保建造方式。相对传统建筑学缓慢的发展而言，新概念的介入能让所有改变的步伐来得更加剧烈。我们由传统中和自然的适应、共处、融合，转换到参与和推进自然的变化。这些传统的处世哲学和设计理念的“进化”，会带来全新的形式上的革新。3D 打印和数字化的设计方式，将会在另一个维度上给予建筑学充分的空间。我们不用再拘泥于现有的形式和原则，继而以一种低成本、可持续的方式实现原来难以呈现的曲线和非规则形态。数字化技术和 3D 建造的出现恰巧碰上了建筑学的拐点，原来大量、重复的标准化作业系统将会让位于小批量、个性化的实践方式，个性化对于建筑的要求，会催生 3D 技术的快速迭代。我们在这个阶段所拥有的 3D 打印技术也许并不完全成熟，但是如果用当下互联网的思维去推进，“开始做”比“做得好”更重要，开始做以后会激励大家对技术演进进行研究，从而使之日臻完善，在不停的迭代当中赋予建筑师更自由的创作工具。

植物充盈的院落

植物充盈的院落

## 与技术的连接——从真实到虚拟

2022 年，米丈堂艺术生活空间中最新的变化，是我们将原来木作展厅和室外的庭园一起申请了“青藤美术馆”。“青藤美术馆”的名字，源于院子里漫天的紫藤和中国大写意画家徐渭的名号“青藤长老”。明末的徐渭以创新对传统进行批判，是在当时僵化的社会文化氛围当中极其可贵的革命性精神，这种精神成为我们建立青藤美术馆的初衷。上海已经有 100 多家民营美术馆，青藤美术馆的建立不仅能丰富米丈堂艺术生活空间的内容，成为串联其他业态的核心，在另外一个层面上它代表了我们对从真实空间到虚拟现实的最新思考。就美术馆本身而言，900 平方米的室内空间和 600 平方米的室外空间，在上海并不具备特别的场地优势，但是我们和合作伙伴一起，打造一个从真实到虚拟的不断进化的全新概念美术馆。现在元宇宙和虚拟建筑的发展已经到了一个技术的临界点，在各种技术子项逐渐成熟的情况下，我们会将它运用到美术馆实体的项目当中来。建筑师在其中的角色也会发生很大的变化，我们不仅做实体的空间和建筑，在虚拟世界，我们也会尝试以全新的思考方式去打造最具震撼力的体验。相对于人工建造向数字建造的跨越来说，由真实建造到虚拟建造的跨度更大，因为在虚拟的空间里，我们完全可以不用顾及当下的所有规范及条例，以及各种空间的限定，放飞的只有想象力。但是除了想象力，我觉得对人本身的感受的研究，包括对基本情感的连接是虚拟建筑最重要的部分。在真实的建筑和虚拟的建筑当中，我们都想获得能打动自己的体验，连接基本的情感。从 2020 年开始，建筑学领域唱衰不断，但是在每一次大的危机到来的时候，都会有新的机会窗口出现，虚拟建筑的窗口是建筑学和设计发展的下一个宏大蓝图。但虚拟和真实并不是完全对立和切割的，我们做青藤美术馆的目的就是将这种真实和虚拟做深层次的连接。传统的美术馆当中，我们在一个具象的空间里欣赏艺术作品，但在青藤美术馆，你可以由室内到室外，由有形到无限，不仅在一个自然的环境中观赏艺术作品，而且在无限的数字科技中，获得截然不同的体验。建筑师会和艺术家一起创作，创造出多维度的艺术的震撼和记忆，从而艺术记忆是和每一个人的生活相联系的，它基于我们的文化背景和成长时代，通过抽象的语言，将艺术家的个体经验和观者的群体经验进行连接，从而达到触动心弦的目的。这就是艺术的本质，而无所谓是真实的感受还是虚拟的感受。虚拟建筑和虚拟空间的发展，进一步丰富了艺术表达的方式，它的纬度的跨越是巨大的，也给建筑师和艺术家带来了全新的机会和挑战。在虚拟的空间建设当中，设计是唯一的竞争力，建筑设计相对于其他的设计门类来说，也并非具有任何的技术优势，大家重新回到了设计的起点，共同创作让人感动、让世界变得更美好的终极体验，才是设计的唯一追求。

2022 年 5 月，青藤美术馆将伴随着空间里紫藤花的绽放而来临，绽放是一个瞬间，但是艺术的追求，应该是永无止境的。我希望能够很快让大家看到我们对于虚拟美术馆和现实美术馆的连接，让大家体验一种在不同时空和维度不断生长的记忆。

3d 打印艺术装置：云上坐

青藤美术馆

## 在调整中发展，在发展中调整

这个时代最大的特点就是变化比我们想象的更快。以前我们读书的时候，基本知道今年从头到尾要做些什么事，会发生一些什么事。但是现在，我们连下个月发生什么事都不会知道，只有伴随这种巨大的不确定性，不停地调整、往前走。以往的变化是一种反常，但是如今来看所有的变化都是日常的，对于一个建筑或者一种职业来说，变化是时刻存在的，当我们无法预知变化走向的时候，最根本的就是研究事物本身最基本的原理，以这种最基本的原理去调整我们在变化当中应该采取的方式。“在调整中发展，在发展中调整”是库哈斯在中央电视台设计文本当中的一句话，当他在建造基地小区踏勘现场的时候，看到居委会在黑板报上写了这句话，觉得非常适用于体现现在社会的状态。从某种层面上来说，建筑师或者设计师都是手工艺者，通过对“物”的打磨，让“物”更加精致的同时也让自己不断得到提高。我们以米丈堂艺术生活空间为对象，做了产品、空间、餐厅、茶室、美术馆、木工坊等，它是小小实验，在让所有的内容相互融洽、共同成长的同时，也让我们对设计的本质产生了一些新的认识，继而推而广之到自己做的项目和物件当中，过程中也会发现更多的技术手段和新的机会。以后的中国不会缺实体的建筑，只会缺有趣的内容，我觉得设计师和建筑师在自我修行的过程当中，将每一个物件做好，就能创造出更精彩的内容，成就更好的自己。

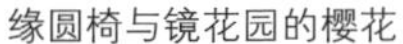
缘圆椅与镜花园的樱花

# 野生建筑之路

我出生在古城荆州，那里有着烟火的诗意，孕育了我对山野的初心，我喜欢在山野中寻找大自然带来的灵感，寻找属于这片土地独有的诗意浪漫，探索属于建筑师的野生之路。在投入山野之前，我曾踏踏实实在国际知名高层设计公司画了七个多月后勤区和电梯厅的图纸，也曾在设计学院用一年时间画过数十万平方米规模的施工图。事实存在的情况是，城市设计的项目不仅会受到各种城市法规条例的约束，也会有很多不可预知的人为因素夹杂在项目漫长的推进过程中，而乡村实践则更为自由，那是一个可以野蛮生长的环境，保留了丰富的物质和非物质文化遗存，有我们足以深挖和学习的巨大文本，而这些在我们的城市建筑中早已消亡。我将自己真正的热爱种在了山野里。

**郭少珣**

素建筑设计事务所创始人、未迟 Vretreats 酒店品牌联合创始人。
同济大学建筑系硕士。讲究建筑设计依据自然山水、就地选材，并在设计中渗入当地建筑文化，把合宜的建筑事物安置在乡间，追求传统匠心式的营造，给乡村注入丰沛的生命力和天人合一的美学思维，希望设计以一种纯粹的、无杂质的艺术理念，独立探索于规制化的建筑模式之外。

素建筑成立仅半年后，我和团队就将公司搬进了大山里，我们开始计划建造自己喜欢的房子。一年多的时间，我们和村民吃住在一起，平日干活、种地，闲暇时间去项目上造房子，融于山野的生活，那段经历改变了我对建筑的一些想法。

乡村是一个特别小的人情社会，要想把设计理念融入场地，首先要了解场地，了解人在里面是怎么生活的，尊重当地习俗，因地制宜。单纯地和工人去讲设计，让他们严格按照我们的要求，是非常粗鲁的强迫行为。设计是建筑师非常主观的想法，我开始更加在乎和他们之间的交流，这样其实也在学习他们对于当地建筑的理解。这样的建造结果是，会有差异和瑕疵，但却多了当地的文化性和工匠痕迹，反而让建筑更质朴、简单、生动。

在城市，设计的工作可能会被细分为方案建筑师、施工图建筑师、室内设计师、景观施工图设计师等，而在乡村我们要做所有工作，这样才能保证一个作品的完整性。花半年时间去做 10 万平方米的建筑和去做 500 平方米的建筑，空间集聚的能量密度完全不一样，这些小建筑，作为设计师能真切把握，可以有更多个人化的表达。

徽派建筑、陕北窑洞、贵州民居、福建土楼、山西寺庙古建筑群落……如果深入我们的乡村部落中会发现，很多建筑甚至已经存在四五百年，如今依然在被很好地使用。对于建筑师来说，这是值得深思的问题——为什么这些“没有建筑师”的建筑如此有生命力？

我国古代建筑师留下了很多优秀的建筑群落，那时我们祖先对建筑的理解，不亚于其他任何文明。我们不知道建筑师是谁，很多建筑的思想和声音并没有被记录下来。这些经过时间所沉淀下来的没有建筑师的建筑可称作艺术。它们和人是直接对应的，真正贴近人和自然，关注生活。对于所有建筑师来说，自身的成长无不是建立在这些前人的肩膀上，否则也不会有当代的思想，这些原始的建筑也在帮助我理解和处理要面对的问题。

所以，不必一味去搬城市里的地标和网红建筑，在我们广阔的大地上，先祖给我们留下了丰富遗产，我们的文化传统里有太多东西可以去挖掘，建筑师需要在其中找到自己的语言，知道我们是谁，从哪里来。而当建筑师开始思考这类哲学问题时，就是要正本清源，在丰厚无比的文脉中找到自己的路。

高山流水建筑外观

桐庐未迟——窗与景

## 建筑所带来的愉悦、自由与尊重

传统的东西，不能再以传统的语言去表达，它需要有历史的演变，建筑师需要找到自己当代的设计语言。从西周到汉，到唐宋元明清，古人一直在主动地发生变革，但如今反问我们自身，为什么反而变得缩手缩脚，没有古人那么大胆和勇敢？日本当代建筑师集体跳脱出这种困境，例如日本当代建筑师妹岛和世、伊东丰雄、西泽立卫，他们从来不大谈日本的山水园林，可能在妹岛和世设计的楼里，你看不到日本的旧砖旧瓦，感觉不到日本的文化符号，但里面又隐藏了日本的美学或文化精神，深刻表达着东方的空间特质。他们并没有丢掉他们的传统文化，同时大胆拥抱当代的语言，拥抱自己，用最本质的情感表达去讲述建筑，这是一种比较勇敢的方式。

建筑的解答方式不是唯一的，它应该是多样性的。当代建筑师需要有自己的独立语言，坚定地用当代建筑建造的方式及结构的逻辑去表达空间。因为每一座建筑都是一个生命体，建筑师应赋予它独有的灵魂。

新生的建筑如何才能与自然共生，一直是我设计的重点。常就地选材，将建筑隐于自然，并在设计中渗入当地建筑文化，把合宜的建筑置于乡间，以一种纯粹无杂质的设计理念，独立探索于规制化的建筑模式之外，感受建筑所带来的愉悦、自由与尊重。

## 诗意的建造

### 林栖谷隐

“林栖谷隐”取自五代·王定保《唐摭言·慈恩寺题名游赏赋咏杂记》中“迩来林栖谷隐，栉比鳞差”。项目独立于村落外围且体量不大，房子主人希望房子建成后不是孤立和封闭的，可以从中感受到村落的氛围和空间。

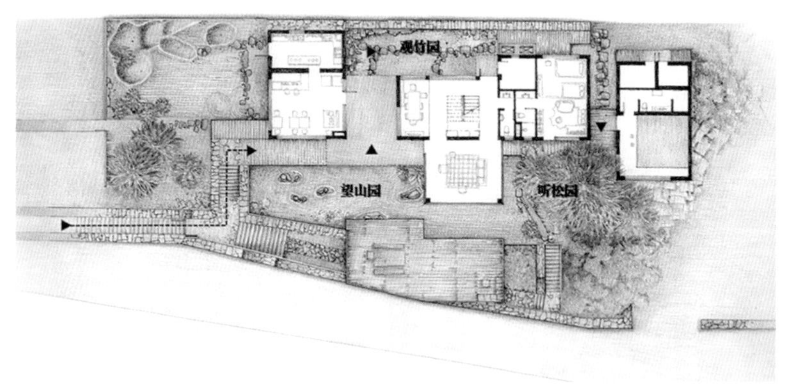


林栖谷隐平面图

林栖谷隐手绘图

林栖谷隐建筑实景图

原来的旧房子是当地常见的双坡顶形态，是江浙古民宅的基本形态。项目中老房偏安一隅，周边并无集合村落。当地政策规定新建建筑的体量不能超过旧建筑的体量。

我将原来的建筑体量拆解成几个基本几何单元，组合成一个立体的微型村落；并且重构了建筑的内部空间及外部形态，建筑屋面高低起伏，与背后的延绵的山形相呼应。房子和院子前后错落，以前晒台中的松树被巧妙地保留了下来。建筑中间的体量向前探出，宛如一只伸出的手。南侧立面向外界开启一扇通透的大窗，在此可以眺望远处的竹林，吸引着前来做客的朋友。建筑主体层层后退，隐匿于山林之中。房子在外部环境中呈现出一种前后进退的模糊存在，既可以被隐约察觉，又不可通观全貌，若隐若现。古人以退为隐，以进为出，而隐于山林，不论进退，后天下之乐而乐。多年以前的村落，能工巧匠云集并能各施所长，房子的建造技艺，园林的叠山理水，村落的规划布局，很多方面一点也不比城市落后，并留下了大量没有经过“设计”的设计。

古人所追求的“天人合一”很难企及，也许可以先尝试放下形式，不为建筑而建筑，只为场所，将一种纯粹的同自然的关系用现代的语言诠释，融入环境，“师法自然”。

## 松林里的红色石屋——高山流水

项目选址于张家界一个陡峭山坡上，山脊盘旋而上，竖向落差很大。张家界地貌综合了丹霞地貌、石英砂岩地貌的特征，却又不尽相同，形成了独具一格的峰林地貌。场地和道路之间隔着陡峭的山坡，山坡上是密集的翠绿树林，野趣横生。

设计切入点是对场地的思考，地势落差很大，与其为了规避严苛的地形条件而将场地粗暴平整，不如让建筑自由地沉浸在周遭的一切，利用地势的落差去布置建筑，使得建筑与场地以一种共生的姿态自然生长。

现场踏勘期间偶然路过一条河流，河流里的红色石块由雨后山上滚落坠入，也将周边河水晕染成微红，松树林高耸挺拔，林木之间层叠的碧绿是场地最原始的印象，红绿相映构成了张家界朴素蓬勃的地貌色彩。借几片红色砂岩去构筑一座山谷间的红色房子，形成了设计的初心。《反对阐释》一书中，苏珊·桑塔格指出：透明是艺术——也是批评中最高、最具解放性的价值。透明意指体验事物自身的那种明细，或体验事物之本来面目的那种明晰。

设计中利用场所的秩序关系，将入口放置于山脚的树林，林中步道拾级而上，路径序列在叙事中展开，参与者似乎经历了某种洗礼仪式，从单一的感知中释放出来，丰富了体验纬度，倾听着这座红色房子的低声吟唱，安抚了来自尘世间风尘仆仆的心境。

高山流水建筑外观

高山流水室内楼梯

高山流水室内一角

竹林魔方建筑外观

## 竹林魔方 · 浅境

竹林魔方建筑的建造条件限制非常明确，建筑高度不可超过 12 米，用地面积不能超过 140 平方米。140 平方米≈ 12 米 ×12 米，加之高度也是 12 米，在设计的几何构成上直接联想到一个 12×12×12 的等边正立方体。项目基地位于莫干山度假区，作为长江三角区著名的风景区，翠竹青山，自然风光，延绵不息。为了尽最大可能去糅合山间纯粹的自然景致，设计中考虑的重点在于建筑如何巧妙地与环境融洽共处。

与其滥用乡土情怀，我们更愿意将姿态放低，认真倾听自然与建筑自发的对话，尊重建构与材料的自然结合。建筑造型摒弃繁杂花哨，更不希望呈现多余的文化符号。当场所变成承载人与人、人与自然的情感载体时，不拘泥于任何既定的风格取向，专注于场地本身的思考，才能尽最大可能地引起人与建筑、与自然的共情。

那么，一个正立方体可以做成什么样的建筑？

也许一个如魔方般简单的房子是其中一个恰当的答案，理性克制，干净纯粹。

对于孩童来说，魔方是陪伴度过闲暇时光的最好玩伴；对于魔方运动员来说，魔方是一种精确到 0.01 秒的竞技信仰；对于建筑来说，魔方或许是一种被创造，重构，再打乱，再复原，再解构的空间意识形态。魔方之“魔”不同于魔术师的手速变换与视觉欺骗，魔方之“魔”更是数学、建造、空间、公式的奇异变化，是感性与理性的浑然天成，是克制与放纵的模糊暧昧。

建筑外立面的设计中根据不同房间的观景及空间的私密性要求，大面积运用了三种玻璃材料——透明玻璃、U 型玻璃及玻璃砖。“魔方”的九宫格以加固钢结构来形成黑色骨架支撑，将整个建筑外立面割裂，形成强烈的戏剧冲突，同时也将理性与暧昧发挥到极致。

玻璃作为一种两面性和象征性的材料，其透明与反射的双重属性，令人着迷。玻璃反射将“丘峦绵绵，轻波淡染”最大化地引入室内，如一场固化的流体奇观，让人仿佛置身一个漂浮于竹海的气泡中，目之所至，处处皆情。这是设计中的“暧昧”。时光的流逝伴随日光的协奏，既熟稔又疏离，有一种天然的秩序。为了维持这一秩序，在室内软装上，以灰色大理石铺面及木色为主，平衡光影秩序的同时，又营造纯粹、舒适、诗意的居住环境。

东方的传统建筑空间形制中，庭院与水的关系是户外空间设计的重点，如何利用水这一元素来给房子增加生气与灵性也是本次设计的重心。在屋顶设计中，用浸没于水中的玻璃天窗替代封闭的楼板，微风拂过，光线透过玻璃，吹皱了一袭诗意，层层叠叠向螺旋通高的白色中庭晕染开来，一切仿佛是静止的，又仿佛是流动的。

竹林魔方室内空间

竹林魔方：自然与建筑

## 新与旧的更迭，点亮乡村

旧建筑的尽头成为新建筑的起点。

近些年，我们的项目从小体量单体建筑到建筑群落，再到整个乡村规划，设计者的身份也随着市场的变化而改变，我们有更多的机会将设计从更多层面介入场地规划中去，通过深入研究场地特性，从历史、文化、经济等多方面因素剖析场地精神内核，设计出尊重历史，属于现在，探索未来的有温度的建筑，这是时代更迭带来的机遇。

随着消费需求的不断变化，市场需要的不仅是满足基础使用需求的场地空间，而是基于需求创造更多可能性的可生长环境，必然也会淘汰那些空洞泛滥的便利式“网红”。未来的中国乡村发展是开放的，会出现越来越多具有场地精神内核的多元性作品。乡村建筑与城市建筑有很大的差异性，带来的不仅是设计上的挑战，在材料选择、施工制作、维护运营上都有着不小的挑战。

我们希望打造出拥有独特精神内核的乡村复兴文旅产品，从而激活乡村，构建链接式经济生态，创造出更多的价值。我不断尝试用不同的身份去思考场地所带来的价值，它不是单一的艺术品，也不只是商品，它能够产生的价值是深远的，它能让更多人积极地参与到场地活动的建设中去。建筑最终是属于生活在这里的人的，社群是可以肆意生长的，这也是山野发展的独特魅力之处。引入传播媒介，通过多维传播构建适合场地精神社群也成了未来乡村开发的重要方式，让更多人参与到乡村复兴中来，聚微微星光，点亮乡村。

好的建筑能够影响到其中的人，当人待在里面的时候，会受到场所的感染，成为一个更好的“自己。建筑师应该平静下来，不要用别人的语言来表达自我，要用相对自我的情感去表达建筑，这样才会生动，有温度，有人情味。

## 山野的意义

六一儿童节，我和浅境文旅的老祝、老郭一起去了大凉山，和那里的孩子们一起聊天、吃饭，办了一场只为快乐的派对。去之前他们告诉我因为卫生条件差，孩子们在那样混杂的环境下有了皮肤病、溃疡。我可以做些什么呢？我们这次不只准备送去物资，更希望留下些能够长远影响到他们的东西，最后我们多方筹备，准备了一个足够满足孩子们使用的澡堂，但当地资源极其匮乏，即使是做最简单的建筑，也会面临着各种各样的问题，但是再难我们最后也做到了，因为对于山里的孩子来说，健康才有未来，卫生是健康的第一步。这也是建筑的最初始的意义，让生活更美好。

和山区孩子们在一起的六一

和山区孩子们分享关于梦想的故事

那些天我们分发着物资，和工人一起建造澡堂，进教室和孩子们聊天，迎面而来的是几百张笑脸，同行的女士负责和孩子们讲如何防止性侵和最基础的生理期护理常识，老祝、老郭和蛋泥在各个年级讲了反霸凌和针对男孩子的卫生课，这些话题在校的老师不常提及，但是问题确实存在，非常需要重视。所以我们每年都会讲，还会一直讲下去。

我一直会问孩子们的梦想是什么，有的孩子会大声说未来想走出大山，去做警察，去做科学家，去做医生，和我一样成为一名建筑师，也有的孩子会说想回来当老师帮助更多的人走出去，但是很大一部分孩子不敢去说，是因为害怕那只是梦想，我希望我们的到来不止是一次物资的补充，更多的是精神上的鼓励，让他们知道，被人嘲笑的梦想也是梦想，告诉他们人格和尊严永远平等。可是我们能做的只有告诉他们走出去吗？山野是我们只能说再见的地方吗？我一直反思这个问题，我们能做的不只是带来外面的希望与美好，而是如何让山野更美好。这也是乡村复兴的重要意义。山野不再是那个只能说再见的地方。作为建筑师，我们所能做的不只是精美的建筑，作为文旅开发者，我们不只负责旅游项目的策划，我们可以通过设计的力量聚集更多的人回到山野，储蓄属于山野的美好。让更多的人发现山野的美好，是我们能为这个社会带来的价值。

社会因素给设计带来的影响是极其有趣的，前些年，我们在山野中建造不一样的房子的时候，总会被问，这样值得吗？为什么要花这么多精力和金钱在这件事情上，我们总是被冠以“有情怀的梦想家”，后来越来越多人喜欢去山野中度假野营，各种各样的活动从城市走进了山野，各种各样的建筑也在山野中疯狂生长，越来越多的人注意到了山野的价值，我们不再只是“有情怀的梦想家”，而成了行业里“勇敢的探险者”。所以当我和山里的孩子们说被嘲笑的梦想也是梦想的时候，这不只是一句鼓励的话，更是属于我故事。坚持自己的初心，设计出属于每座山野独有的诗意建筑，是我的野生建筑之路。

“龙塘山房”客房　摄影：存在建筑

# 空间赋能

在传统观念里，大家会认为建筑师就是提供图纸，让业主可以拿着图纸去盖房子，但是在互联网时代背景下，建筑师的职责和工作的边界都在发生一些变化。中国是人类历史上城市化发展较快的国家之一，在城市得到急速发展的同时，乡村其实在被透支。对于我们建筑师来说，面对着城乡二元对立，面对着城乡不同的场域，设计实践就要求有不同的策略。

我们从过往的设计实践中得到一些总结：希望用空间作为载体来赋能各个领域，为资本带来价值溢出，为政府带来示范样本，也希望能治愈城市精英群体的乡愁情结，以及为真正的乡村原住民带来生活品质的提升。

这些设计探索可以分成四大类：模式赋能、类型赋能、材料 / 工艺赋能、形式赋能。

接下来，主要从这四个方面来介绍近年来我和我的团队 line+ 做的一些事情。

孟凡浩

line+ 建筑事务所联合创始人、主持建筑师。

英国皇家建筑师学会（RIBA）国际杰出建筑奖、亚洲建筑师协会金奖、WA 中国建筑奖佳作奖、中国建筑学会青年建筑师奖获得者，受邀参展第 17 届威尼斯国际建筑双年展军械库主题展等国内外重要展览。

代表作品：东梓关中国最美回迁房、山东九女峰乡村振兴、贵州龙塘精准扶贫、云南东风韵艺术中心等一系列设计作品。开创了跳出传统学科，跨界整合组织的设计新范式，赢得了社会各界的广泛关注与好评。


## 模式赋能——泰安东西门村活化更新

模式赋能指跳出建筑设计范畴，在功能性、美观性、经济性之外，与特定社会语境和政策相结合，整合上下游资源，架构一整套从策划设计到建设、运营、传播的项目运作流程，以设计推动开发模式的创新，引发传播热潮的爆点，最终促进更大范围的社会发展。在我看来，互联网时代下，建筑师的身份发生了一种转变，不再是一个被动、单一、单向地去解决问题的人，而是主动地、复合地、多向地组织引导的角色。

以泰安市东西门村活化更新项目为例，东西门村隶属于山东省泰安市，位于泰山余脉九女峰脚下，毗邻神龙大峡谷。尽管自然山脉的景象壮阔无比，然而它也构成了乡村发展的天然屏障。交通的闭塞和土地的贫瘠，使得东西门村逐渐与时代的发展脱节，沦为省级贫困村。在九女峰片区，有着类似情况的村落并不少，而东西门村则是这群村落中位置最为偏僻、状态最差的一个。在乡村振兴的大背景下，业主期望我们通过设计来激活这个空心村，再现一个东梓关的流量效应。

十余座破败的石屋，一些残存的石墙，几座曾经被用作猪圈的生产用房，便构成了项目的初始条件。在赋予废弃的结构以新的生命力之时，更大的设计挑战则在于如何可持续地为乡村带来发展的机遇和如何通过建筑为乡村盘活新的资源。为此，我们提出双线并行的设计策略——一是针灸式改造，在保持宅基地边界不变的情况下，以存量建筑的空间激活和原有环境的生态修复为切入点，从而实现村落的新生；二是建立公共空间，借助其媒介属性，激发流量效应。

经实地勘测和调研分析后，一方面我们延续原有村落的生长肌理，将道路、停车场、公共空间等进行重新规划，另一方面将石屋改造焕新，逐一植入新功能，并构成新的路径——入口处的猪圈改造为新的接待中心，中部地势大体量的毛石房改造为院落客房，在资源最佳的高地势处布置九女峰书房和泡池——既作为度假村的休闲配套设施，也是整个东西门村活化更新的重要环节。这组白色的公共建筑在形态上和村子里的毛石房有强烈的视觉反差，非常具有标识性，起到一定的触媒引流作用，带动起项目整体的运营发展。

整体村落规划图

东西门村改造后　摄影：章鱼见筑

## 山巅浮云，云海遗贝：九女峰书房和泡池

“重若泰山，轻如浮云”，在北方多岩石裸露的厚重山峦之上，反差性地留下空灵的白，成为设计最初的设想。俯于泰山的壮美崇高，书房和泡池分别以“悬停于山间的飘浮云絮”和“遗落于云海的剔透珍贝”的形态回应泰山云海的波澜壮阔。

“云朵”书房沙漏型的漂浮体量依山就势，轻钢与膜结构体系结实、可靠又轻巧的特性，以自然曲线形成精致的骨架并勾勒出轻薄舒展的造型，并借助玻璃的透明性而获得人与自然的共融。

“贝壳”泡池是对自然的一次策略性回应，是关乎整个衰败村落重获新生的关键“穴位”——亟待更新的原始贫困村落与世界级的壮阔美景，泡池位处二者之间，以其纯洁、通透、流动的观感平衡两种空间气质。九女峰泡池之于村落的效应，就如同它流动的形态一样，自由生长，秩序合理，疏通活力。

当我们的建筑在互联网上获得了大量的关注度以后，在某种程度

“云朵”和“贝壳”　摄影：章鱼见筑

上它化身为一种“消费符号”，一种能够推动当地经济发展的物质媒介。但我们更希望它是一个灯塔，一个身处贫困村的灯塔来唤醒、指引很多的原住民慢慢地回乡，成为人与人之间的最大化连接的精神媒介。

## 十二个宅基地的新生：山奢酒店

酒店部分其实是我们向村民租用宅基地后的一个存量改造，酒店的运营也是由村集体一起合股成立公司来完成的，村民可以直接共享酒店收益，这种模式给村民带来最直接的收益，也快速实现了村落的整体脱贫。

在改造过程中，我们特别尊重原有场地上的植被，每棵树都没有移动位置，在原宅基地的边界里，仔细梳理毛石房和场地关系，并测绘现场留存的石屋石墙，标注和保留质量较好的部分作为锚固新建筑的重要依据，同时通过植入新的砌体结构及保温、

九女峰·故乡的云山奢酒店　摄影：章鱼见筑

防水等构造层次，以提高新建筑的热工性能。将新的钢框架植入旧的毛石墙中，可灵活地适应一字形、L 形、U 形等不同院落的布局。改造设计将最简单的工业材料，以灵活的构成原则，再结合场地丰富的原始痕迹，修复十二个和而不同的单体院落，进而复原坡地聚落。

## 村落重生，赋新价值

2020 年 10 月，项目整体投入运营，九女峰书房和泡池借助网络媒体的图像传播，成为了当地热门的“打卡点”。项目所包含的 25 间客房、1 间餐厅、1 个书房，在当地旅游的黄金季，单月营业额最高超 100 万元，而游客到来的溢出效应，也间接惠及了当地村民的生活与创业，而毛石房在被改造后，也在无形中使得村民的存量资产增值。

乡村的活化更新，是一个根源复杂，集社会、资源、环境间

九女峰泡池　摄影：章鱼见筑

九女峰书房　摄影：章鱼见筑

题的多维度过程。本案是典型的国有资本与当地政府合作，在建筑设计的主导和组织下，与特定的社会语境和政策执行相结合，从前期策划和规划，新空间的生成，到后期的产业导入和运营，深入实现乡村振兴。

自建成以来，东西门村项目被评为山东省乡村振兴样板工程，在央视新闻、学习强国等平台都有报道，也在体制内产生了一定的影响力。我们相信，由东西门村摸索出的这种以设计推动乡村振兴的创新模式是可复制推广的，最终能为更多的贫困村赋能。

## 类型赋能——贵州龙塘精准扶贫设计实践

类型赋能指以类型学为切入点，基于我们这个时代所需要的使用方式，或通过新类型的植入，或通过对过去稳定的建筑类型进行迭代，来挖掘设计机遇，构成乡村有机更新的起点。贵州龙塘精准扶贫设计实践项目就是一次类型赋能。为了应对传统苗寨村落在发展失位中产生的现实问题，我们在建造体系和建筑材料的更迭背景下，以存量改造作为示范，以增量带动发展，在地理与经济的限定条件中解决直观需求，为乡村造血，使其在现代新型生活方式的转型中自我更新，有序发展。

龙塘村位于贵州黔东南雷山县，梯田茶林、云雾缭绕，吊脚木楼依崖而落，淳朴的苗人世代居住于此，沿袭着古朴自然的生活方式。然而，被列入中国传统村落名录的龙塘却因产业基础薄弱、人口空心化，而逐步走向衰落。

2013 年 11 月，“精准扶贫”重要思想被首次提出。贵州苗寨“龙塘山房”是融创投身美丽乡村振兴与精准扶贫公益实践的首个项目。基于我们在乡村振兴领域的全方位经验，融创中国、国务院扶贫办友成企业家扶贫基金会共同委托我们，深入龙塘，重塑村落。

## 直面传统乡村生活的新诉求

在调研的时候，我们发现龙塘村面临着当今很多传统村落里的一个所谓的“通病”——自发改造：村民自发将传统美人靠用铝合金门窗封闭，来抵御严寒的气候；原本底层堆放农具的架空层也被村民用水泥和砖等现代材料扩建为房屋和卫生间，等等。

龙塘精准扶贫设计实践　摄影：存在建筑

诚然，这是一种对传统建筑风貌的人为侵袭，但在我们看来，村民自主的集体性改建，实则是他们真实生活需求的体现。传统农耕时代产居结合、就地取材的木构吊脚楼，已无法满足新时代下村民舒适、便利的基本生活需要。

尊重历史，拥抱未来——我们在风貌保护区内为村民做民居改造示范，在保护区外选址植入具有当代及未来感，却不失吊脚楼师法自然精神内核的精品民宿——存量与增量设计并行。在提高村民生活品质的同时，理通苗寨的聚落脉络与文化脉络，为藏于深山的贫困村落引入流量，注入活力，激活村落自我造血能力。

## “应对与通用”—— 存量改造

存量改造指以村民自发改建时相近的成本，在对传统苗寨吊脚楼深入研究的基础上，对村民的生活方式和个人诉求做出回应。为了平衡传统建筑与现代需求之间的冲突，且减少现代

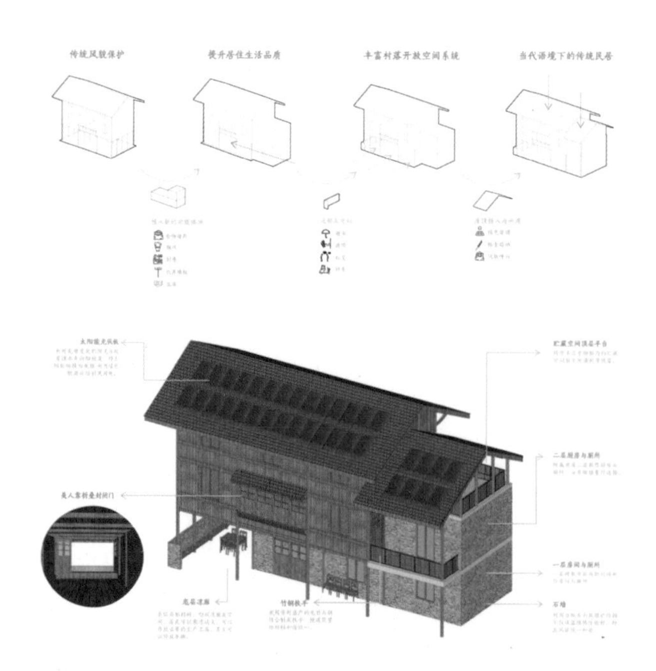


存量改造策略

龙塘山房　摄影：存在建筑

材料带来的异质感，改造设计最大化地保留和利用原有建筑结构与立面材料，将村民当代生活中需要的现代化厕所、厨房、农具储存等生活功能作为一个空间体块植入原有建筑的架空层及一侧，同时留出部分架空区域，为村民避雨、遮阴、社交、停车等日常需求提供场所。屋顶空间延续村落风貌，增加坡屋顶，提供通风遮雨的屋顶晾晒区，最后，也通过增设太阳能光伏板的方式，为村落带来绿色清洁的能源。

改造完成后，这个既解决问题又维持造价不变的设计成为村民改建自家房屋的范本，得到村民的认可并自发模仿，当地的 15 户村民以此为范本对自家房进行了改造，实现了以点带面式的示范性推广，达成一种应对需求下的、从侵蚀风貌到修复风貌的自我复兴。

## “生长与对话”—— 增量置入

“龙塘山房”和传统吊脚楼一样，生长于山脊上，在化解地势高差的同时形成高低错落、互不干扰视线的客房聚落。选址与风貌保护区相隔却又相互遥望，仿佛是苗寨的过去与未来的遥相呼应。

客房的形制由传统的苗族吊脚楼演变而来，将建筑底层架空，脱离山体，满足通风防潮需要的同时将客房设备隐藏其下，整体建筑体量得以悬浮在山林坡顶，远观若隐若现，近观与山一体。每栋客房入口在建筑与山体交合处，利用地形成就巧妙的上下立体关系。

建筑体量漂浮在近 45°的山体斜坡上，将玻璃、金属板等当代材料与毛石、小青瓦、木材等在地材料相混合利用，以脱离基底的建筑体量和融入山林的材料质感将建筑结构的“重”消解。设计基于在地条件，以现代的建造手法转译出传统吊脚楼依山就势的特点。

“龙塘山房”的民宿公区则突破了传统乡土建筑的形式与风格，试图营造精致纯净的现代感及与自然山野之间的对话。建筑根据山体的高差自然分成两个“L”形体量，上下连接，相互咬合，上部探向远山，下部内敛于半坡，依据山形山势生成流动的边界，嵌入山体与森林，以抽象的形式对话传统龙塘苗寨。

交错咬合的“L”形体量获得了最大化的景观活动面，分别形成了两个不同高差的室外景观露台，上层屋面可登高望远，一览村落与人文和自然美景，下层屋面也结合使用功能，形成室外景观剧场及无边泳池。

## 价值溢出下的精准扶贫

如今，龙塘已重拾乡村活力，建立起“扶贫不返贫”的长效发展机制。村内成立龙之塘乡村旅游专业合作社，印主题酒店管理公司则以专业的运营经验为后续发展注入力量，挖掘村落物质文化遗产，振兴传统工艺，助力经营餐厅、文创产品、非遗工坊等，提供乡村长期良性发展动力。

从“脱贫”到“振兴”，龙塘乡村实践的阶段性成果，引起了社会的广泛关注，CCTV、新华网、中国新闻网、环球网、央广网、《北京商报》等媒体分别对龙塘脱贫振兴的发展面貌进行了报道。借助建筑为媒介所产生的社会影响力，龙塘在投入运营后，更是进一步实现稳定脱贫、持续增收、逐步致富，从当年的贫困村摇身成为如今的示范村。

龙塘山房　摄影：存在建筑

飞茑集·松阳陈家铺　摄影：杨光坤

## 材料 / 工艺赋能——飞茑集 · 松阳陈家铺

材料 / 工艺赋能源自对建造本身的思考与探索，既包括对传统和民间材料、手工艺的学习与传承，也涵盖了对当代材料的创新型应用。飞茑集·松阳陈家铺便是一次材料 / 工艺赋能。由于项目地处松阳县历史保护村落之中，松阳政府对传统历史保护村落的风貌控制有着非常严格的条例要求，然而项目业主希望我们通过改造，使空间兼具体验感和舒适性，能回应外部无敌的风景。

因此，我们在设计之初就制定了两种策略来回应以上两个看似存在矛盾的诉求。在整个设计建造过程中，始终遵循两条平行的路径：一是对松阳民居聚落的乡土建构体系展开研究，梳理与当地自然资源、气候环境、复杂地形、生产与生活方式及文化特征相适应的空间型制和稳定的建造特征，为保护传统聚落风貌提供设计依据；二是运用轻钢结构体系和装配式建造技术，来适应严苛的现场作业环境，满足紧迫的施工建造周期，同时提供较好的建筑物理性能。

运用传统手工技艺修复还原土墙　摄影：存在建筑

## 传统手工艺再生

设计从调研测绘开始，梳理了当地乡土民居聚落的建构体系，分析其组成脉络、特征与现实应用的可能性。调研内容包括材料配比、建造技术、场地营造与环境气候适应等方面。

在前期调研测绘的基础之上，我们对当地带有地域特征的构架、屋面、墙体、门窗、构造细部等建筑元素和材料进行整理分类，建立当地材料与工法谱系，其成果能够作为之后改造更新设计的参照基础。

为了最大程度保留原有墙体，土墙与新建结构脱离，避免土墙承重；二层由于室内高度增加，屋面整体抬升，檐口以下新建外墙以幕墙形式外挂，受力于主体钢结构。当地农民施工队运用传统手工艺修复还原土墙，室内墙面喷涂保护层。原有外墙的入口门洞及石头门套完整保留。

村庄内乡土民居顺应地形地貌，依山而建，多数房屋背靠山体的一侧，围护外墙直接采用毛石砌筑的护坡挡墙。设计中保留了这一表达地域建造特点的构造，对存在结构隐患的石墙修缮加固，确保结构稳定性；山地土层含水量高，石墙会出现渗水现象，在基础施工阶段，预埋排水管起到引流作用。石墙内部灌浆处理，填补缝隙，刷防水涂层，营造舒适的室内居住环境。

## 工业化预制装配

项目地处偏远山区，为了应对严峻的施工环境，设计首先从结构形式入手，综合各种因素，采用新型轻钢装配式结构体系。结构梁柱为截面尺寸 200mm×90mm 的基本单元杆件，由两根壁厚 2.5mm 的 C 型钢合抱弦扣而成，冷轧成型。杆件之间以螺栓连接，无须焊接。最小化的结构单元，能够解决运输难题；高度的预制率和连接方式，便于现场施工安装。

二层悬挑的玻璃体量，作为室内空间的延伸，又能更好地饱览峡谷景观　摄影：存在建筑

## 结构节点

原有民居夯土墙体保存较为完好，设计将其整体保留，原有建筑内部空间格局狭小，木屋架也已年久失修，拆除后，植入新型轻钢结构，并将新结构与保留的夯土墙体相互脱离，避免土墙承受新建筑的受力荷载。

原有层高低矮逼仄，无法满足现代居住空间的需求。因此，我们将原有建筑屋面整体抬高，高度合理分配至上下两层，为室内设备安装预留空间，同时创造舒适的居住体验。

为了改善建筑内部的光照环境和景观视野，对原有门窗洞口进行了扩大处理，安装现代门窗系统。确保外围护结构的密闭性，增强保温隔热性能。特殊设计的铝板穿孔窗框，既能提供室内通风，又保证了外立面简洁、统一。

为了保留青瓦屋面，用轻钢龙骨屋面填充 EPS 发泡混凝土，上铺防水卷材。既回应了地域文化性，也体现了可持续的生态理念。到了夜晚，为了能让住客欣赏到高山上美丽的星空，床顶部的屋面还加设了天窗。

在本次乡村改造中，我们将传统手工艺与工业化预制装配相结合，轻钢结构在建筑内部为现代使用空间搭建了轻盈骨架，而传统夯土墙则在外围包裹了一层尊重当地风貌的厚实外衣。同时就地取材，对旧材料加以回收再利用，实现“新与旧、重与轻、实与虚”的对立统一。

客房室内　摄影：杨光坤

松阳原舍外观　摄影：侯博文

## 形式赋能——松阳原舍 · 揽树山房

形式赋能关注建筑本身及其与周边的关系，专注于具有新意和品质的空间体验的创造，寻求与自然和文脉的融合。松阳原舍・揽树山房便是形式赋能的一个案例。其以全新的民宿模式、乡村生态社群为出发点，异质同构的村落肌理、依势而建的自然村庄，旧与新，自然与人工，精致与素朴，以及阳刚与阴柔，建筑师以谦虚之姿态回应自然，寻求平衡妥帖之美。

### 自然与人工

项目位于松阳榔树村——山林与云海，梯台与乡舍，夯土与青瓦，无须过度装饰，展现出中国乡村独有的美感。而山间一栋栋承载着地道山民生活的百年老宅，随着村民生活方式与价值观的改变，在建设与发展中被破坏。项目选址于此，除了为城市游人提供暂栖之地，也肩负着复兴榔树村的重任，寄托了我们对人类与自然，以及人工环境之间关系的期望与思索。

中国传统村落，在“现代”到来之前，之所以能存活数千年，必定有其生命的根系和脉络。它看似散漫无序，却集成了一个地区的民族文化、科技、美学、教育、民俗和信仰，是一个有着自身灵魂的复合生命体。

面对自然与传统，我们设计的宗旨启于对原始地块现状的敬畏与尊重，对原有生活方式的依赖与还原。为此，我们的团队反复地去现场踏勘测绘——古树与古道的准确定位及不同高度台地的原始标高。最终设计布局是在对无数种可能性进行尝试之后，最契合于地块的答案，以秉承最低程度破坏自然的原则。

## 人工化的自然

设计以类型学将公区、集中式客房和独栋别墅三种功能空间模块化，避开古树，置入各功能模块。依据原始地形，模块以最

松阳原舍泳池　摄影：唐徐国

松阳原舍轴测图

松阳原舍模型图

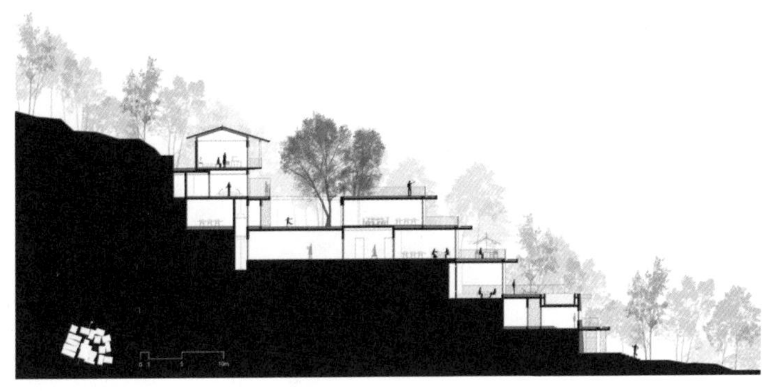

松阳原舍剖面图

大可能性放置在原始台地标高上。公区层层叠退，客房化整为零，化解建筑的体量感。再依据等高线走向、景观、视野的不同进行高度和角度的微调，保证隐私性的同时实现最大化的景观体验。

33间客房，配备接待大堂、图书阅览、餐厅厨房、恒温泳池的公共区域，2688㎡的建筑面积，对于一个山间民宿无疑已是巨大的体量。设计以一层或两层的客房错落有致地散落山间，四层公区以片层形式贴合地形延展，弱化体量的同时，创造出一系列观景露台。各层建筑的顶面和地面与不同高度的山体衔接，层层展开，建筑如从山中生长出来，以最轻柔的方式贴合于山地，隐现于景观。

由毛石砌筑的台阶拾级而上，巧妙的动线设计让来访者的视线在远山和背山间迂回。爬坡、仰视、转折、远观，在空间里营造步移景异、曲径通幽的游山之趣。建筑背山面谷，卧于一方宝地，树木遮掩，若隐若现，远山美景可观，百年古樟为邻，透过不同的窗口，在不同的时间里，在不同的建筑高度，都是不同的风景，每一个层次都有不同的体验，每扇窗口外都是整幅无框山野画卷。

公区的大挑板体块，由木模板混凝土一体浇筑而成。建筑师希望通过对结构设备的细致处理，强化空间的纯粹性。为满足保温标准，采用 200mm（混凝土承重墙）+80mm（保温岩棉）+120mm（混凝土装饰墙）的夹心墙，为在不设吊顶的情况下隐藏管道与空调风口，在不影响空间效果的位置设计净宽 600~1000mm 的设备空腔，将空调等设备藏在里面。

松阳原舍庭院　摄影：金选民

松阳原舍庭院　摄影：侯博文

客房提取坡屋顶形制，材料以当地毛石和夯土为主，延续传统生活与文脉。在这里，并没有宏大叙事的建筑空间，也没有昂贵繁复的材料做法，材料与形式有机结合，每一栋山舍的夯土、垒石、小青瓦，是建筑材质，是立面造型，更是山里的生活。

这是一家民宿，也是你从城市里来到山野中的一个家。在这里慢下脚步，看一缕晨曦，古木环绕，满目青山，云卷云舒。在层层梯田之上的不只是简单散落的大小民宿，而是将传统聚落肌理含于其布局，将榔树村的传统文化根植于这片土地的居住容器，为人们提供一种融合了当地文化与现代文明的栖居方式。

## 结语

如今，行业的现状让建筑师处境越来越趋于边缘化，我们希望能够扮演一个主动打通上下游产业的角色，向政府争取政策支持，为资本保证投资回报，赢得彼此间的信任并实现价值利益的共享。我们希望去回应这个时代，在保证空间品质的前提下，挖掘建筑本体之外的价值，在社会、经济、文化等顶层领域，释放建筑应有的力量。

# 唯“美好”不可辜负

## 问渠哪得清如许？为有源头活水来

位于太湖之滨的苏州香山（今吴中胥口镇），自古就是出木工巧匠的地方。这个被称为“香山帮匠人”的群体，在华夏大地上留下无数建筑瑰宝。或许冥冥之中自有天意，若干年后与香山帮匠人吹着同样太湖风的我在太湖畔创办了以现代木结构为载体、集绿色低碳节能建筑研发、设计、制造、建设为一体的昆仑绿建。

我不无骄傲地说，如果论亲近自然，木结构建筑有着天然的优势。与其他建材相比，木结构建筑简直是降维打击。从我们祖先的造字就能看出，人在木旁，方能休；人在门中，方为闲。

企业家、工程师、设计师、专业级小提琴演奏者、狂热的摩托车爱好者，如果单单用一个 Title 来介绍自己，我感觉似乎并不是那么公允，每一个都是我，但每一个又不能完全代表我。

或者，不必纠结于此。回归本源，我只是一个热爱生命、执着于作品诗意化表达的人。任凭外界变幻，我心仍自在而充盈。从这个角度来说，我觉得作为设计师身份的自己更恣意洒脱。

**倪竣**

企业家、工程师、设计师、中国现代木结构建筑企业开拓者。执掌企业设计与承建木结构建筑超 200 万平方米。

参与包括“北京 2022 年冬奥会雪橇车赛道”、亚洲最大的单体木结构“成都天府国际会议中心”等多个国家级重点项目的设计与建设。

先后主导设计或建设了江西满仓民宿、宁波云上清溪酒店、都江堰缇星谷树屋、南京汤山御景半山树屋、南京园博园丽笙酒店等大量文旅作品。

### 江南无所有，聊赠一枝春

我非设计科班出身，设计完全是江湖“野路子”，在实践中成长，在成长中实践，故我更崇尚道法自然。与在城市森林中营造一方木结构天地相比，我更喜欢在乡野山村把建筑镶嵌在自然中。这么看来，文旅作品自然是实现我这个夙愿的最佳载体。

我出生于音乐世家，从小被逼迫拉琴，尽管万般不情愿，但碍于父亲威严，不得不拼命练习。得益于父亲的严格，至今仍然练琴不辍。不谦虚地说，我的小提琴技艺完全是专业级别的。除此之外，我对绘画及模型情有独钟，中学时期制作的微型架子鼓还被《姑苏晚报》报道，引得当时模型博物馆馆长啧啧称奇。

佛学上讲：由因生果，因果历然。那么爱动手、爱琢磨的因，必将结出以后作为一个设计师的果。

我一直固执地认为除了人生，万物皆可设计，但设计更讲究顺应自然、贴合自然、顺势而为，所以我每次设计的初衷都是务必让建筑成为自然的一部分。

简单来说，就是做让人更舒服的设计。让自然舒服，让居住者舒服，也让制造者与建造者舒服。我一直倡导：在车间，像造汽车一样造房子；在现场，像搭积木一样建房子。

## 牛羊满圈、粮满仓——满仓民宿

在赣南的泰和县，蜀水与赣江围出一个风景秀丽的生态人文

水西东文化交流中心

满仓民宿群落

绿洲——蜀口生态岛。当我第一次进入项目所在地时，多棵古樟映入眼帘，葱郁粗壮，以世外高人的姿态静静看着世事变化。

当地人介绍，明朝大臣欧阳铎生于斯、长于斯。其在位时推行的赋役改革影响深远，为明政府制定的徭役税粮新制度惠及众多劳苦大众。新制度增大了士大夫阶层的上交比例，减小了农民上交的比例。一增一减彰显体民查民的情思，最重要的是国家没有损失，农民的粮仓还充盈了。

农耕文明占据了中国历史的大部分章节。中国人最质朴的梦想不过是牛羊满圈、粮满仓。基于此，这个民宿的最基本设计理念已经奠定了。以古代粮仓造型为设计基础，以明大臣欧阳铎为文化载体，打造一个适合现代人短暂避世的世外桃源。

正所谓大河有水小河满。一家粮仓满不算富，家家粮仓满才是真的富庶。粮仓群落的表现形式紧接着跃然脑中。粮仓群落打破布局避开异型场地的局限，避开场地中错落分布的千年古樟。

经过多次尝试，以一座大粮仓（主）带三座小粮仓群落的设计雏形出炉。大粮仓有如伞心，三座小粮仓群落错落在伞骨上，而每一座粮仓犹如伞骨上晶莹的雨滴。

陶渊明《桃花源记》云：阡陌交通，鸡犬相闻。田间的小路也可以四通八达。作为现代世外桃园的满仓民宿也必然幢幢相连，层层相通。

依托于墙体的弧度墙面，我为每个房间设计了一个大尺寸窗户，每个房间的景观面得到

满仓民宿侧影

淋漓展示，每扇窗户也形成一个天然广角。窗外是千年古樟，房内是温暖家人。此情此景，让久居樊笼里、复得返自然的都市人感情立刻变得充沛起来。

在结构方面，我采用了轻型木结构与重型木结构相结合的方式。让木结构尽量外露，不仅可以展现木材天然的质感，还起到去装修化的作用。屋顶采用仿真茅草瓦，高度还原中国传统粮仓。

得益于木结构预制化、装配化的优势，满仓民宿迅速落地。房间内配以全屋智能设备，开业后常常是一房难求。这充满乡趣的建筑也帮助了蜀口岛成功晋升为 4A 级景区。

## 远山含黛 、近水含烟——云上清溪酒店

首先让我们来看一组数字：全日制餐厅 470 ㎡、接待中心 180 ㎡、客房 8 幢（户型 68 ㎡）、客房 5 幢（户型 72 ㎡）、客房 10 栋（户型 65 ㎡）、客房 3 幢（户型 237 ㎡）、客房 6 幢（108 ㎡）。如果说满仓民宿是紧凑的精致小品，那云上清溪酒店就是在山水间气势恢宏的排布。

浙江省奉化区溪口镇西北方向坐落着被称为“四明第一山”的雪窦山，商量岗旅游度假区以独特的姿势静静地候在那里。用森林浩瀚、风景迤逦来形容一点不为过。晋朝三仙仪寺的传说，蒋宋休闲的逸事在林间流传至今。这里森林资源丰富，森林覆盖率高达 90% 以上，负氧离子含量比城市高出 1100 多倍。

景区内两条清溪顺势而下，自顾自不急不缓地流淌百年。远山含黛、近水含烟，溪水与云雾缠绕，生动诠释了云上清溪这个充满诗意的名字。可沉思，于是有了书吧；可静心，于是有了养心堂；可宴宾客，于是有了餐厅；可与亲人共处，于是有了无数林间小筑。

我想，那就将两条清溪看作两条琴弦，众多功能各异的建筑像音符般萦绕左右。整个建筑群落依托地势而建，恰似风华正茂的西施，清一分则素，浓一分则黛，每一处都恰到好处。

两条清溪一条通往养心潭，一条连接柳杉长廊。房前屋后尽是溪水焕然，好不惬意。依托商量岗天然地貌，将 36 幢森林别墅错落有致地镶嵌在茂密的山林中。建筑均以健康环保的木结构为主，辅以当地盛产的溪石、山石、杉木、竹子及板岩。与动物为邻，与山水为友。

云上清溪森林

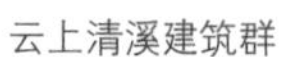

云上清溪建筑群

云上餐厅

室内房顶均采用环保的木质结构，配以古朴石材墙壁，灯光下的客人尽享欢乐。推窗即景，山水美墅冬暖夏凉。自然的灵气让居住其中的人即使不会写诗也想吟诵一首。

## 竹生空野外、梢云耸百寻——缇星谷

提起都江堰，其大名再响不过。世界文化遗产、世界自然遗产、全国重点文物保护单位、国家级风景名胜区、国家 5A 级旅游景区。在这样的地方落笔，我必然是慎之又慎。

当我第一次踏入项目所在地的时候，完全被它的原始所震撼。漫山遍野的竹林，脚下连路都没有。我步履维艰地在树林里穿梭，抬头突然看见竹叶斑斓的天空，于是那一刻我决定把树屋酒店建在这苍穹下的竹林里。缇星谷的名字也应景而生。

相信每个人都有仰望天空的童年，在缇星谷内望星空是个再自然不过的事情。树屋客房以星座为设计主题立马浮现在纸上。树屋酒店以生态为基础，将自然环境本身作为依托，跳开传统酒店客房，与树为邻、开窗见树，使游客切身感受到酒店与自然美景融合为一，人与天地融为一体，让游客与自然和树木和谐相处。

我力求突破客房正常群居模式，以竹径为线，串联起众多形似“树屋”的木结构建筑。将大小不同、风格迥异的树屋客房藏在由竹子和其他绿植组成的

缇星谷鸟瞰图

缇星谷树屋

天然屏障中，观赏性与私密性兼得。每个客房建筑以行星和星座命名，更容易被客人铭记。

我旨在让“自然”“舒适”“野趣”“温馨”等元素尽情展现，别具幽静且不失雅致，室外是原生态的荒郊野岭，屋内是功能齐全的现代居住感受，同时拥有两个世界。

树屋的选址与设计，均遵守因地制宜的原则。以保护竹林原有生态环境为第一准则，在争取景观的最大化效果的前提下，设计建筑的外部流线与空间布置，真正做到推窗即景，与山水为友，躺在繁星下，拥森野而眠。

树屋除了能充分满足人们居住体验的要求，还兼备随建随拆、能多次利用的特点。这种形式能充分考虑自然环境的保护，实现人、建筑和环境的平衡。

在餐厅设计上，除了必需的重型木结构，我还运用了大面积的落地窗。头顶层层重叠的木结构组成颇具美感的几何图案。目光可及之处均可以看见室外葱郁的山林，与云雀共饮，同松鼠同食。

## 一入木构“误”终生

我常常叩问自己，我的作品究竟一以贯之的精神内涵是什么。或者说，我与其他设计师不同的地方在哪里。或许，这只能从我创业的经历中寻找答案。

大学毕业后，我顺利进入了苏州第四光学仪器厂，五年后调入当时的苏州市机械局，端上了所谓的铁饭碗。日子过得顺风顺水、波澜不惊。和所有的企业家一样，在时代大潮的裹挟下，在那个火红的创业时代，不安分的我终究不会满足按部就班的生活，而立之年毅然辞职，转身进入改革开放的大海，至此，我人生故事的情节就此改写。

辞职后，我与众多不安分的小伙伴一起奔赴改革开放的前沿阵地深圳，凭借着一种天生的商业敏锐性，初出茅庐的我竟然赚到了第一桶金。一年后，我带着第一桶金转战苏州，开始从事进出口音响业务。

开始的运气总是很好，我的小生意做得风风火火，员工也很快发展到七八人。考验很快就接踵而至，囿于当时的独特背景，音响生意很快就到了尽头。养工人要钱，这个现实的问题把还在沾沾自喜的我打回原形。因为一场阴差阳错，我一头扎进了家装这个行业。

1997 年，我出差加拿大，第一次深入接触现代木结构。我惊异地发现原来现代木结构行业是如此的发达。

我突然想起我所成长的胥口镇，我童年记忆里口口相传的“香山帮匠人”的故事。在 1000 年前，我的先辈们就能把异形木塔做到 100 米的高度，这在当时的西方是不可想象的。

随着工业革命的发展，特别是工业时代混凝土、钢的大量运用，对整个木结构建筑巨大的挤压，我们的木结构越来越萎缩。

在追求经济高速发展的时代，混凝土与钢的大量运用，确实给人们带来了极大的便利，但整个地球也因此付出沉重的代价。随着《巴黎气候协定》的签订，保护环境变成全球共识。

回想故乡的先辈匠人，杨惠之、蒯祥、薛福鑫、陆耀祖这些熠熠生辉的名字，闪耀在中国传统建筑技术的星河中。我突然觉得，这个行业是值得我去深耕的。

西安陆港之翼

世界气候会议主场馆——郡安里国际会议中心

我常对身边的人说，进入木结构行业，既是误打误撞，也带着几分天意使然。说误打误撞是因为在此之前我对现代木结构知之甚少；说天意使然是因为毕竟生长在匠人之乡，血液里还是对技艺充满崇拜的。

## 路虽远，行则将至

和所有创业者一样，我身兼多职；和所有创业者一样，开始的路总是步履蹒跚。创业的第一个阶段，我积极借鉴国外现代木结构建筑技术，一步一个脚印地摸索。

在创业一开始我们常常陷入一个尴尬的局面：我们的建筑无验收标准。我只能逢山开路、遇水搭桥。没有路，我就做开路先锋；没有标准，我们就制定标准。

在国家智能制造、工业 4.0 的大环境背景下，智能化设计也是我一直思考的问题。在我的主持下，昆仑绿建已经完成了智能化设计软件的自主研发工作。我们已经实现了将参数全都输入软件后，系统自动通过九种算法输出实现各种建筑体的功能。

单从装配式木结构智能设计这个角度出发，我们已经与发达国家达到同等水平。与国外 CNC 现成的设备和软件相比，我们已经打通设计与制造

国家雪车雪橇中心

的关键环节，设计完成后智能机器人直接可以进入制造环节。我们用自己的软件完成弯道超车，起步更快，加速度更大。

在 2022 年冬奥会上，国家雪车雪橇中心大放异彩。如果整体建筑是一条蜿蜒的巨龙，由昆仑绿建承建的木质遮阳顶棚就是这条巨龙熠熠发光的鳞片。国家雪车雪橇中心采用钢木组合结构，这种组合既保证了结构的合理性，也符合建筑的功能要求和形式，最重要的是满足绿色建筑的要求。

从与中国建筑设计研究院合作起，我们就完全以技术为先导，充分利用木材特有的易加工性能，以及自重和强度等特性，更好地适应复杂的几何形态和山地气候条件，从而实现蜿蜒盘旋的建筑效果。

面对尺寸巨大、形状各异的异形梁，我深刻意识到，如果仅通过传统人工生产，不仅耗时耗力，且精度、进度都无法满足要求。为此，我指示团队精心研发了首条大面幅的柔性机器人。这样既保证了每根构件的定制化的精度要求，同时又满足了工业化的批量生产要求。

昆仑绿建采用机械臂系统取代人工读图和放线的传统生产过程，同时提升了切割、开槽、打孔的效率和准确性，为整个项目后期的快速安装打下基础。由昆仑绿建承建的赛道木结构遮阳棚项目亮相于北京冬奥会，我们整个团队都非常骄傲、自豪。虽然过程很艰苦，但看到项目高品质交付并呈现在全世界面前时，一切都是值得的。

值得欣喜的是，随着现在木结构设计、制造能力的不断提升，在国家“双碳”政策的持续推行下，整个社会对木结构的认可度逐年提高。木结构建筑的应用领域逐渐从大型公建到文旅酒店、乡村振兴领域。

随着人们对美好生活的向往越来越强烈，大众对居住有着更高层次的追求。木结构建筑得天独厚的先天优势，更能满足现代人“逆城市化”的需求。

我经常问自己，我的设计的灵魂是什么。我联想到人们常说人生的三个境界，即看山是山，看水是水；看山不是山，看水不是水；看山依旧是山，看水依旧是水。其实也不需要立刻知道答案，毕竟我还在路上。建设就是建筑，回归建筑的本源，你感受到什么，它就是什么，吾心安处即吾乡。

我常常对身边的人说，我们的工作是追求美的一项工作。那么，亲爱的朋友，就让我们在更美好处相遇。

成都道明竹里

# 野界——旅程中的前进基地

野界不仅提供了一个梦想中的度假环境，更提供了负责任的度假方式。

## 野界——前进基地

我一直向往一片不被扰动的旷野，期待一次意料之外的旅行。

我叫彭金亮，野界的创始人、合伙人和总设计师。

作为一个星战迷，我对那种开着星际飞船穿行于银河之间的感觉特别着迷。最激动的莫过于当星际飞船飞临一个新的星球进入基地的那一刻。

无论是在星际联邦的宏大星际站，还是贸易联盟那些破破烂烂的贸易港，甚至是宇宙海盗的酒馆，都会让我有一种旅途中的回归感。

**彭金亮**

工程学硕士，联邦德国注册建筑师。
代表作品：野界度假酒店、慧心谷酒店、2014 俄国冬奥会主跳台、奥运村"蜂巢"模块住宅设计和设备模块化建造、Sochi 万豪度假酒店整修扩建。

大约是从 2009 年开始，从索契冬季奥运会跳台区域的设计开始，我对深入自然的建设项目特别感兴趣。当时这个项目在雪山之上，开车进去要很久。我的合伙人指着一片啥都没有的雪山和我说，就这儿了，我们要在这里做个极限的基地。

后面几年的设计流程中，我们在极限运动、森林保育，还有低扰动的社区建设上做了非常多的尝试。整个项目当然有的成功，有的失败。

不过最终，当你穿越漫长的山路，到了主跳台区域的时候，还是会有一种回归感的。那种人间与野性自然的巨大反差与和谐对我的吸引力正如在星战中你看到远方星光中闪烁的前进基地一样。

野界花园区

我们做野界，其实目标非常单纯，我们想在难以想象的地方，建设一系列前进基地，给你的旅程增添一个意料之外的感动。

## 野界西塞——一个安静的山谷

野界西塞是我们的第一座前进基地，这里是天目山脉收尾的地方，大山起起伏伏，一直蔓延到太湖边。我们选中的这块地，是一个几乎完美的环形山谷。一条溪流穿行其中。一片布满水杉林的谷地安安静静地待在山谷中央。

神秘感是它最大的特色。想保持这种神秘感，就必须将基地隐藏起来。最佳的选择就是全覆土建筑。

大大小小 39 个半球体隐藏于山丘之下，面对山谷的一面开着圆形的窗户。正对着一户户的庭院。在土层下，三个或两个球体组成一个套间。客厅、卧室、卫生间通过地下廊道串联在一起。再用圆形的透光天窗通往地面，让即使是深入地底的空间也能有足够明亮的光照。

从外向内看，你几乎无法辨认哪里是山，哪里是房子。而从内向外看，精致的花园和头顶缓缓飘过的白云让整个环境更加梦幻。

有人说这是现代的霍比特村，而对于我们野界人而言，这才是我们想做的前进基地。一个坐落在陌生星球的庇护所。

这个庇护所相当隐蔽，你要穿过山路才能到达，有时候你甚至穿行而过，都无法发现。而面对天空，尤其在夜晚，它又格外夺目，就像一个潜藏在山谷中的巨型飞船，一个个圆形的舷窗指向天空。

作为一个前进基地，最重要的事情当然是深度感受本地的森林和原野。在野界，能看到一座座大大小小的帐篷在洞穴之外，我们结合最高阶露营专家的意见构建了一个轻量的越野装备体系，让人在基地内就能感受到浓浓的穿越氛围。

整个基地像一个生物一样，利用自己研发的轻型装备向外延伸，在最独特的地方，用帆布和竹木构建出森林观景台、吊桥、山顶咖啡厅，等等。和核心区域密集的种植一道，形成花园和森林两层不同的野界体验。整个的内部路线足够让你马不停蹄地在山里游逛数个小时。

如果体力足够好，甚至可以以酒店为中心，去进行一次全天的山区徒步，体验悬崖峭壁、瀑布溪流、山村和水库，最终回到酒店，在户外餐厅、溶洞酒吧或客房的泡池中重新充能。

野界客房

## 可持续、低消耗的运营体系

对于一个向往陌生旷野的旅者而言，尽量不打扰现有环境，安静地体验其独特的美感是必要的自我修养。那么作为基地，在能源排放上尽可能地自循环也是野界在底层架构上的努力。这不仅让整个基地更加可持续地运转，也为未来的基地进一步发展提供了技术基础。

在野界西塞我们利用覆土建筑的独特保温优势构建供暖和供冷系统，用很低的单位平方米功率来平衡冷热。我们在地下排了数千米的管路，利用地源热泵驱动了整个酒店的热水。通过热回收系统，不仅可以把排出室内空气的废热回用，甚至可以把夏天通过大面积落地玻璃窗收集的热量转为生活热水，让能源高效运转。

秘境水池

野界餐厅

我们同时引入了德国 GRAF 的污水系统，让最终排污量大大降低。

野界的未来，基于一个更加深入挺近自然的目标，以及近乎极端的自我循环指标。目前我们甚至在构想一个能够零能耗、零排放的基地，让我们的客人可以毫无负担地接近地球上任何一处生态敏感区域。

这个新的基地将带着它的客人毫无扰动地降落在一片绝美的旷野，在提供最现代化的生活的同时，与自然和谐共存。

# 蔷薇城堡：
# 诗意旅居的岛屿度假新体验

和很多 20 世纪 70 年代出生在上海的小朋友一样，童年时我有很多课余时间是在工地上度过的。那时候，上海正是日新月异的年代，整个城市都处在一种热火朝天的建设周期之中。我和其他的小朋友一起，很小就认识到了怎样搅拌黄沙水泥，似乎在童年，就埋下了建筑的种子。 等到中学的时候，课外的时间曾拜在中国昆曲界泰山北斗级人物俞振飞大师门下学习传统曲艺，学习在舞台上的方寸之间，演绎出征战沙场的万里江山，领会到场景和空间的虚实转换。大学的时候，原本报考的是计算机专业，由于分数不够，被调整到了建筑学专业，似乎也是冥冥之中的注定。毕业之后，深信“读万卷书，行万里路”的道理，远赴德国斯图加特求学，学的依然是建筑设计。作为德国包豪斯学派的重要理论实践之地的斯图加特，有着众多现代建筑启蒙大师的实践作品。在那里，极大地开阔了我的认知边界。建筑是要为时代的需要服务的，同时建筑也深刻地反映了整个时代的变迁，是每一个时代精神、科学技术、人文传统最直观的体现。

**田景海**

中国国家一级注册建筑师，德国斯图加特大学 工程硕士，德国孚提埃建筑规划设计有限公司合伙人，浙江丽水蔷薇城堡创始人。
曾主持和参与过 中国国家博物馆改扩建工程，中国航海博物馆，上海东方体育中心等重大国家级公共建筑。全球首家 Well 健康标准铂金级民宿“在田间健康民宿”创始人。以专业的建筑学视角，创造性地融合特殊的在地文化，打造突破性创新的文旅新模式。

## 蔷薇城堡——江南最美秘境独岛上的耀眼钻石

浙江丽水，长三角生态后花园，森林覆盖率排名全国第二的“浙江绿谷”。距离丽水市最近的县域之一云和县，素有“九山半水半分田”美称，蔷薇城堡酒店位于丽水市云和县云和湖仙宫景区之中。项目所在地因森林覆盖率达 80.8%，空气质量优良率达 97.6%，被称为江南的最美秘境，而蔷薇城堡酒店仿若一颗耀眼钻石落于云和湖的独岛之上。

## 形色之间——乡村文旅新样本

我们以现代形态的建筑开放自由地镶嵌于中国乡村的山水之间，看似冲突的视觉记忆点，实则创造出一种全新的对话关系，为的是营造当代建筑与中国传统、乡村自然三者有机融合的文旅新体验。在乡村的山水之间，“转码”传统文化，营造现代形态建筑，这也是中国本土建筑师“西学为用”之后更加自信且丰富的自我表达。

蔷薇城堡意在构筑一个既遗世独立又能感触世俗烟火的实验场，理想和日常、山水和城市、东方与西方、当代性和在地性的冲突后的虚实调和．蔷薇城堡以一座梦幻粉红积木城堡降落岛中，

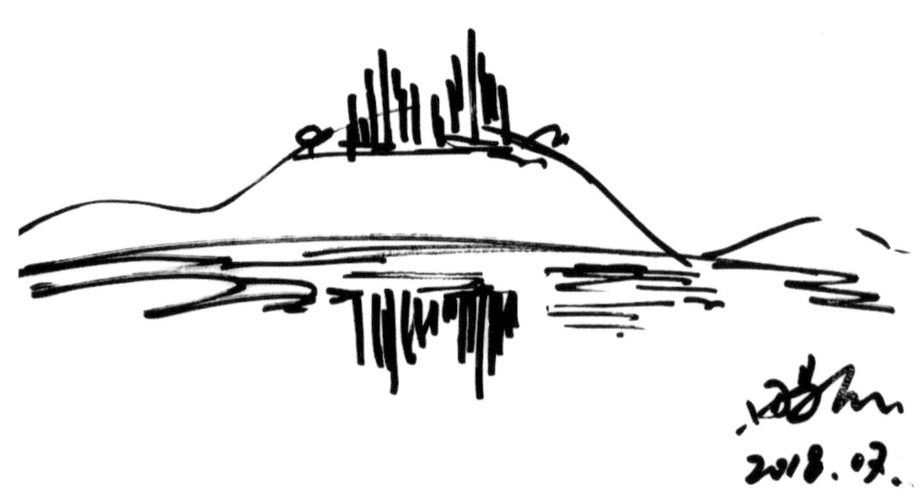


蔷薇城堡酒店概念手绘

湖心岛鸟瞰图

赋予山水场以精神性，开启天空、山川、湖泊和人的童话叙述。一方面我们凝思山水与建筑的互生互融，并试图还原自然与人的守望之理想；另一方面我们试图从建筑场所和容器中，勾勒出未来的旅居诗性，让栖息充满生命的情感体验。

## 在地性的建筑灵感——积木城堡

城堡之建筑形式是西方独有的建筑概念，起源于中世纪欧洲的军事设施。随着历史的演进，逐步由军事重地、区域城镇到领主统治的实体，其军事功能早已消解，留下居住和文化的功能，现在更多成为承载文化旅游的地标。

蔷薇城堡的设计概念源于云和县的木玩产业文化，从木质玩具中提炼出现代元素，整个建筑由 108 根装饰柱、76 个长方体搭接组合而成。体块之间层叠错落，形成了 36 个大小各异的退台空间。每根装饰柱为一米见方，装饰柱的高度结合建筑形态和场地高差，高低错落，形成了一个现代童话城堡的建筑形象。

积木城堡的建筑外形，表达了建筑对云、县木制文化和场地的“卑谦”和“敬畏”，同时勾勒出城堡的童话认知，符合旅居者的美好期待和无限想象。

## 地标建筑的取调——浪漫粉红

调取中国古建筑中“丹雘”“桃夭”等颜色为基色，运用多种不同的红色，由上至下的渐变形式，构建了一个绿水青山中的视觉焦点。蔷薇城堡将丽水的革命老区的红色基因融入其中，同时创造性调和粉色，在经典色中引入时尚，为浪漫定调。

同时，房间内也延续了同样的梦幻元素，客房的色调主要由湖水蓝色与桃夭粉两种颜色组合而成，天地山水，取色天然。不同主题、色调的房间，软硬装则选用接近色，不同于建筑外观的张扬和公区的形态多变，客房显得静谧与柔和，安全、舒适，让行进者的身心于此真正放松下来。

## 搭建式布局——折叠之美

整个城堡共搭设三层，一层为前厅、餐厅和多功能厅，二到三层为三十六间客房和内庭镜面水池，顶层设有星空酒吧和观景塔。

积木结构的几何图形始终贯穿在城堡空间布局中，从泳池到中厅，从房间阳台到观景塔，遵循着几何结构的渐进性和对称性，表达建筑内在的抽象之美。

由几何形状组成的爱心无边泳池，一破山水中规则的方形泳池，一方面呼应主体建筑的积木原型，直接赋予建筑爱的仪式。另一方面与前方山水遥相呼应，连接自然和建筑，营造出“在山水中嬉水”的 270 度拥怀感。

南立面细节图

屋顶透视图

三层内庭正透视图

三十六个长方形梯次组成三十六个客房的独立阳台，面向湖面，一房一景、一步一色。作为建筑轮廓，强化了建筑的积木元素，获得最大程度的次序美。最大限度地把自然风景引入室内，打造每个房间专属的户外阳台，最大限度地保留每一位客人的私密性。在对自然的开放性和对他人的私密性上达到了一个平衡。

三层的内庭中设计了一个浅浅的镜面水池，结合屋顶的柱子造型，在这个安静的空间中，阳光通过建筑体量在水面上留下了丰富的光影。此镜面水池也是建筑内部呼吸口的承接，时刻定义山水度假的场景，同时是对自然山水的向内呼应，强化岛屿的抽象意境。在这个空间中，可以让人的思绪安静下来，更加深刻地理解自然的美丽。

红色纪念碑式的柱林和玻璃观景塔伫立在城堡顶层，将建筑推向

南立面夜景

高潮，从曲折、有序中涌向开阔，与天空、湖泊、山川产生新的交融，进一步触发人们山水家园和精神家园的关联，使其幸福感满满。

## 光影和借景——场景变化触发情绪的生命感

光和影赋予建筑以美感和力量，构成空间里的时间流线。粉红城堡在湖光山色中，水光潋滟，倒影涟漪隽永，山水之美顿生意境。

随着太阳角度的变化，几何形状对光线产生千变万化的影响。光之明暗、强弱和形状，构成动态的光影场景，建筑主体形成光之景观，建筑局部形成光之场景。

阳光、山色、湖光和灯光的叠加交错，投射在整个城堡的内外角落，让使用者在不同区域、不同时段感受空间的某种变形，从而产生时光的错觉。人们正是在这种空间的变化中，触发情绪的起伏，感受生命的体验。

## 更深居旅意义

取名蔷薇 ( 英文名 Rosa Castle)，除具象的形态与色彩辨识目的之外，营造者还有机融合中国传统文化深意与现代建筑之美，旨在表达一种“比玫瑰更有深意”的居旅浪漫与人文关怀。蔷薇城堡酒店，绽放于至美山水间，除度假居旅之外，更是一个自然、艺术、科技“三位一体”的野奢体验胜地，为都市里不同年龄层群体构筑一个场景丰富的放松疗愈之所。在这个岛屿的建筑里，积木搭建的几何空间和外界的连接和延伸，通过光和影的变化，触动抵达者的情绪起伏，将时间消解在空间里，完成一次诗意的旅居。

## 我们的未来

我们出生在一个百年未有之转变之中。在这样一个历史转折的大机遇中，中国一定会诞生属于自己的高端度假品牌。它一定是具有中国的文化基因，契合每一个城市的文化特色，有着鲜明的建筑形象的新品牌和新酒店。在未来的中国，度假将不会仅仅是到某一个地方拍照和住宿的过程。人们更加期待有不一样的旅行度假体验，更加期望看到根植于在地文化、更加创新和独特的度假产品。这种时代的产品需求，对于每一个开发企业都是一个崭新的命题，要求我们用更加创新的运营思维和建筑设计来满足。这是一个巨大的机遇，也是一个巨大的挑战，而建筑设计的创新思维将会是此命题的一个重要解决手段和途径。

无边泳池建筑透视

# 自然是最珍贵的设计元素

## 设计是感觉和情绪的表达

日本设计师吉冈德仁曾说：“设计可以引导出像感情般没有形体的细微感知，设计师是为设计感觉和情绪而存在的。”

还记得小时候的暑假，最喜欢做的是两件事。第一件是和隔壁的小女孩一起做吃的。第二件是骑车去野外钓鱼或者野炊。

很多时候，小时候的兴趣和爱好就是存在心里的一丝意念，它就像一颗种子，在心底的某个角落生根 、发芽、开花，然后结出一个自己都不曾发现的果实。后来长大之后选择学设计，看起来似乎跟小时候喜欢做的事没有太大的关系，但冥冥之中又似乎有所关联，因为同样学设计的师兄、师姐告诉我，学设计就可以经常出去写生，而写生在我看来仿佛就是小时候最喜欢的郊游。

看似没有关联而事实上命中注定会走到一起的事情，也许就是源于小时候的感觉和情绪。而正是这些感觉和情绪，正在慢慢的把我的生活引导到设计之外的路上。

相信很多设计师，都会有和我类似的念头，希望在工作之余，寻一处静谧，享一隅惬意，有一方自己的天地，可以随意发挥，根据自己的心意设计和使用。也许是因为匆忙且纷扰的生活围城，我也愈发怀念起小时候喜欢的自然并开始反思生活的原貌。在此初衷下，趁着一个合适的契机，我便开启了设计生涯的第二阶段。

当时寻觅了很多地方，最终决定在西溪湿地的一个不起眼的小楼里，成立芽设计工作室，同时将楼下作为配套的也可对外经营的咖啡馆。从结构改造，到外立面设计，再到室内景观，都尽可能去除多余的设计表达，把工作和生活的活动内容安排在有景

王驰

建筑师，芽设计创始人，毕业于浙江大学建筑系，曾担任 GOA 大象设计主创设计师，杭州埃埃建筑设计有限公司总建筑师。
夕上酒店、明月松间酒店、月芽 · 自由餐厅创始人。

夕上・虎跑 1934 酒店周边的群山

观的窗前，充分地利用有限的空间，把对美好的感知最大限度地发挥出来。

在小楼的设计过程中，我尝试着摆脱建筑师的身份和客观理性的建筑师思维，把自己化作一个使用者，追求合理的平面布局和尽可能地满足使用功能的同时，最大程度地利用周边的自然景观，让建筑外观和整个街区协调统一，创造令人愉悦的整体风格。用自己的切身生活体验和对生活美学的个人理解，构建了现在月芽・自由餐厅西溪湿地店的雏形。它就像一个试验品，营造过程中也遇到很多困难与问题。经过反复的推敲、修改，最终形成了现在的回归自然的基调。

而后，用打造月芽・自由餐厅总结出的设计、施工及经营的一点小经验，接下来陆续设计营造了明月松间酒店系列、夕上酒店系列。

每一个作品对我来说都是一种全新的尝试，每一个过程都是与周边自然的一次对话，都是对生活体验和美学感知的一次新的探索。

## 将往昔故事与山光树影嵌在名字里

夕上・虎跑 1934 酒店，位于西湖风景名胜区虎玉路。原名洋房山乌芝岭大慈山脚别墅，始建于 1934 年，为民国风格的花园别墅，虎跑 1934 也是由此得名。

该建筑最初是由杭州天主堂神父向私人购地所建，主要作为天主神父夏天避暑之用。解放初由部队进驻使用，直至 2014 年归还浙江省天主教会。2010 年 4 月，被杭州市政府列入第五批历史建筑保护名单。

初来这个地方，只觉绿荫蔽日，两幢有连廊的青砖墙、红窗棂的民国风建筑，坐落在玉皇山脚。第一次见到她的那一刻，便被她遗世傲立的气息所折服。站在她面前，瞬间在脑海描绘出一幅远离喧嚣、韵味浓重且轻松愉悦的自然长卷。

我相信，虽然她暂时外表破败，草木杂乱，但她就像一颗蒙上了一点灰尘的珍珠，只要稍加擦拭，就能熠熠生辉。而我的设计工作，就主要体现在“擦拭”上，即不改变她原有的

夕上・虎跑 1934 酒店建筑与环境

建筑形态，而对内部的功能重新分割，增加作为酒店的各种设施和配套，加入现代的生活形态，让老建筑重新焕发光彩。

我几乎是毫不犹豫地决定在这里建一个既能品味历史，又可供人休憩的观赏之所。长达四年的修缮改造，将往昔故事、山光树影嵌在名字里，为每个眷恋自然与历史馨香的人们，提供一个重游杭州的理由。

在杭州的老房子中，民国时期的建筑最为特别。20 世纪初，西学东渐之风拂面，西湖边的沿湖城墙和人们心中的禁锢的壁垒一同被拆除。全国各地的政客、商人、学者纷纷在湖边斥资建造中西合璧风格的别墅官邸。房子主人各式各样的审美、修养、品位、阅历投射在建筑设计上，使得建筑风格精彩纷呈。和南京、上海等近代建筑相比，民国时期杭州的建筑大多典雅而玲珑，端庄而精致，与西湖之秀美交相辉映。

别墅由两幢砖木结构建筑组成，分别为二层楼屋与一层平房，两者间通过狭长的天井连接。老建筑的魅力既在建筑形制上，也深藏于浓厚的历史积淀中。飞檐翘角、青砖黛瓦、红色木格窗，毛石台基……独特的记忆由建筑的细节构成，就像这些百年建筑的历史由散落在老房子中的一个个故事所承载。

民国建筑隐藏在绿荫蔽日中

夕上 • 虎跑 1934 建筑外立面

历保建筑修缮，对我来说也是一个全新的命题。不同于新建一个建筑，需要根据老建筑的脉络来进行设计，这是一门独立的学科，需要主动去发现问题、解决问题。

由始至终，我认为建筑的美不仅在建筑本身，更在于建筑周边的自然环境，在那些几百年古树的晕染下，表达出一种灵动、富有生命力的整体系统。建筑和周围的植物经过近百年的相互生长，如今这栋老房子已经和陪伴它一起呼吸的树木、野草、灌木长在一起，多年的灵性相通，使它们相互呼应、避让与滋养，形成内敛、含蓄、互为一体的和谐姿态。

独特且珍贵的周边环境成了一个新的命题，如何恰如其分地设计建筑，使其与周围空间形成窃窃私语的对话，使建筑与环境形成不可分割的一个整体，而不再是分离与拼贴的两套语法逻辑。

在设计中，首要需要解决的问题，便是在保证建筑的使用功能和保温、隔声、私密性的前提下，让生活其中的人能跟周围的大自然有亲密的对话。对建筑空间、内部形态、立面围合和对“居住酒店”行为的把握与理解进行小心翼翼的梳理，使建筑与环境既互相节制又相互扶持，形成可分可合的和谐关系。一呼一吸间，人们不仅在视觉上可看到百年以上的绿荫蔽日，更能通过亭台楼阁等各种形态的灰空间，沉浸式感受风雨、花香和虫鸣的丰富自然。

春来夏往，秋收冬藏。清晨，闻鸟啼而醒；夜幕，揽明月而眠。

除了与环境关系的处理，作为历保建筑，历史符号和脉络也是必须要慎重考虑的命题。

为保留其历史特征，建筑完全保留了民国的老青砖。为了和立面和谐统一，我们构筑了两层外表皮。紧贴青砖外墙的庭院围墙，用竹木结合，形成可以呼吸、意味深长的包围。建筑墙体与通透的竹木建构之间，是庭院里的灌木和鸡爪槭，形成鲜嫩的、可顾盼的自然。灌木用文人气质浓郁的木槿、玉簪、鸢尾、绣球、芥蓝和凌霄、紫荆、松霞结合在一起，形成向内的花园。卓然、静谧，柔风袭来，卷起一阵阵花香，沁人心脾。

多年的使用和保护的缺乏，使民国建筑原有的主体与外立面均受到不同程度的侵蚀与损坏，在设计中如何重新修缮，成为颇有难度的全新挑战。为了使修复的手段不至于过分粗暴，我们采用“健筋骨”的方式，最大限度地保持原建筑的风貌。

本着修旧如旧、最大限度地保留原有历史风貌和文化留存的原则，我们在结构上采用现代钢结构加固体系，使改造后的建筑承重与原有砖木结构脱离，对建筑原有结构进行可逆的结构再设计，既保证了外立面保持原有建筑风貌，又使内部的钢结构可以承载整个改造后的室内空间和附加设备体系。

草坪景色

修缮后建筑结构

木质楼梯、木格窗等均按原样 1：1 复原。主楼建筑的外墙上，我们并没有过多地装饰，而是希望真实反映墙体材料本身的肌理和色彩，所以只对青砖部分进行了清理修补。对于另一栋附楼建筑，则保留了其涂料外墙的历史特色，选用白色涂料且做了有粗糙纹理的手刮漆处理，让墙面更具细节和质感。

在解决了以上三个建筑本体遗留的问题以后，接下来的设计便顺理成章得多。按照当代人们的生活需求，再加构生活的滋味与温情。酒店基调是让人安心与放松的。因此，将重心放在“居住者的体感”上，成为设计的着眼点。酒店的设计，也应该以当代的目光与生活的需求为根基，让当代与曾经的过往在匆匆“擦肩”后再“回眸”，产生似曾相识又焕发新生的情愫。

客房中，暗哑的窗棂迎着扑面而来的绿意。每当我坐在窗边，静心倾听林中小鸟的啁啾声响，看落叶在风中飘落，感受雨夜润物细无声的湿润的时候，感觉自己就像回到小时候的郊游，远离尘世的烦扰，在大自然的怀抱中获得无尽的宁静。

得益于酒店合伙人同时也是设计师好友——谢柯团队的软装设计，为整个建筑空间的自然氛围增添了重要的一笔：黑漆大柜、柜顶的陶器、有肌理的老木地板、阁楼的天窗、古朴的油画，层层递进，仿佛儿时简朴而充满温情的家。这也是我一贯想要传递

客房内景

的温暖。一时间，可以忘却墙体围护的厚度，忘却四季的界限，仿佛置身于自然之中。

因酒店位置独立，为满足住客的食宿要求，在酒店设置了可以同时容纳八十人的餐厅。餐厅面向庭院做成连续玻璃面，窗外景致一览无遗，当夜幕降临，白色桌布，灯光摇曳，隆重又不失浪漫。

## 大理风光在苍洱，苍洱风光在双廊

除了杭州，另外一个只需听到名字便能令人心生向往的地方便是大理。第一次到这里，苍山洱海，风花雪月，洒满阳光暖融融的院子，百花争妍，绿意疯长，大片的白云被风吹着奔跑、跳舞，赶着与海汇集到一起。欢快轻松，热烈奔放，交织呈现。如此场景，仿佛回到了梦想中的家园。而双廊，更是因为紧紧靠着洱海，面对苍山而成为大理风光之最。

神奇的大自然就像是一首用时间谱写的诗歌——一日朝暮的光影幻化，四季流转的风貌变迁，经过斗转星移的积累与洗礼，大自然也以最绮丽的美予以回赠。当我亲眼看过这些风景，不得不由衷感叹，大自然和时间之间的关系真的很微妙。绝妙的洱海

面对苍山洱海的明月松间酒店露台

景观与人文优势，吸引并激发着几乎每一位到此的设计师浓厚的设计热情。当然我也不例外，同样希望此地能延续我对生活和设计的理解与深爱。

唐代诗人王维的《山居秋暝》——“空山新雨后，天气晚来秋。明月松间照，清泉石上流。竹喧归浣女，莲动下渔舟。随意春芳歇，王孙自可留。”诗中将空山雨后的秋凉，明月松间的光照，石上清泉的声音，以及浣女归来竹林中的喧笑声，渔船穿过荷花的动态，和谐完美地融合在了一起，让人凭空想象出一幅无比动人的画卷。

朗朗上口的唐代古诗句描绘出的绝美意境，在大理苍山洱海的映照下，似乎有了具象化的呈现，面朝苍山洱海的 YAKAMOZ 明月松间酒店便由此命名。“YAKAMOZ”是土耳其语，其含义是“月亮在水中的倒影”， 2007 年被评为世界上最美的单词。

明月松间海街店，是在大理的第一家酒店，也是在外地的第一次尝试。酒店位于双廊的商业街——海街。街道一边是开阔的洱海水面，眺望郁郁葱葱的水中小岛——南诏风情岛，水边三三两两停靠的彩色船只，不时有流浪的歌手在岸边轻声吟唱。而另一边则是一排高低错落用石头、木头、钢材砌筑的一两层古朴楼房，隐映在争相盛开的三角梅和芭蕉叶之间。餐厅、酒吧、咖啡馆、甜品店散布其中，是名副其实的水岸商业街。

由于酒店位于沿海第二排的地理位置，直面洱海的优势并不明显，只在三楼房间和露台的区域可以看到水景，所以在设计时，着重强调了内向的独立庭院，营造出内敛、安静、私密和精致的氛围。

在材料的选择上，优先考虑了本土粗犷肌理的石材，配上有质感的粉刷，与周边的当地建筑风格相协调。在软装上，采用柚木和黑胡桃的全实木家具，再加上棉麻的窗帘、羊毛的地毯、密织埃及棉的床上用品。在原来冷峻的基调上，增加温暖的元素，使其相辅相成，冷暖结合，形成低调又温馨的居住氛围。

一个洱海边可以休养生息的家，繁杂生活之间安静的避风港，童年时流连的开满鲜花的小庭院，都是想要带给住客的一种居住体验。

每一处景色都是大自然的馈赠。除了内庭院，屋顶还有一个直面洱海的景观大露台，也是酒店的一大亮点。在这里，可以从

明月松间洱海店

明月松间洱海店

白天一直发呆到日落。看云起云涌，望水光潋滟，一杯红酒、清茶或者咖啡就是一个清闲的午后。

明月松间——洱海店是在大理的第二家店。设计由 GOA 大象设计总建筑师张晓晓团队、谢柯团队和我们芽设计团队共同完成。

首先被这里吸引的，便是一望无垠的、毫无遮挡的洱海景色。与洱海零距离地接触，仿佛一处难得的避世桃花源，因此，我们决定让酒店采用闭门式的经营方式，走进店内，完全与外面的喧嚣隔离。酒店在设计之初，沿着海面横向展开，因此，走进酒店，首先映入眼帘的便是酒店提供的一线海景，不仅能与洱海相伴，还能远眺苍山。苍山横列如屏，玉案山环绕衬托，玉洱银苍，山水一色，形成珠联璧合的绝妙风光。

在空间处理上采用先抑后扬的设计手法，让新来的客人看到洱海有豁然开朗的感受。充满惊喜的同时，卸下一身疲乏，情绪在景色中得以安抚。

整栋楼的外墙设计采用了连续的玻璃面，使人的视野得以贯穿整个洱海海面，达成“人在画中走，画在景中游”的对话与互动。无论客房，还是公区，都以“将自然引入”作为第一层视觉感知，让居者感受真正的宁静和舒适。并以“安排合适的活动在景观前“作为第二层的深入体验，让使用者更深层次地感受自然。

建筑的简洁轮廓，搭配洱海的倒影，既表达了对土地的致敬，又诠释了年轻化的表达。

“空间是交互的容器，为人群的往来提供场地、诉求、情绪及遐想。”——临海而坐的早餐厅、客厅及书房，则是最优质的表达载体。面朝洱海的条形门窗，是为自然光景定制的画框，将随着时间、气候变化的四季光景，进行可感知的立体化展现。无论在哪个季节到访，都会收获不一样的美学体验。如同《醉翁亭记》中所写，“四时之景不同，而亦无穷也”。

在室内材质的选择上，依旧延续之前的经验，采用本土的天然石材与木材融入空间，它既有白族本土的干净、粗犷，还有东方的安静、禅意，又有北欧风格的放松、自然。这让酒店成为身心与自然深度融合的空间。

为保证居住者的舒适度，每间客房都设置足够面积的休闲区，摆脱拥挤与拘束感，让人随心沉浸到自我的空间当中。质感灰色主调延续到客房，同时布艺柔软的肌理触感，摆件纯

明月松间海街店

明月松间海街店

粹的拙朴质感，中和石材的硬朗，为居住者增添温暖的感受。

双廊的光线很充足，阳光很容易穿过窗户，以一种令人愉悦的方式洒在室内。一天当中，光色会呈现出多种不同的色调——日出和日落时分，天边呈现出海天一色的光晕，格外美丽。光，不仅影响了人的情绪，也塑造了房子的艺术感观，常常让人产生迷幻的错觉。

所以在设计中，采用百叶的手法，将光线进行切割、延续，在墙面、地面拼画出一束束变换的景象，仿佛能看见时光的流逝。

## 草木庭院，在喧闹之中寻一隅境地

氤氲江南里，山水一半，城市一半，杭州向来是个举足轻重的存在。独特的文化底蕴背后，有向内新陈代谢的部分，更有向外恣意生长的部分。杭州是一个既有文化渊源，又有生动现代的丰富城市。

在餐厅的选址上，经过多次的实地考证及反复比较，优先选择有一定私密性、自然景观优美、负氧离子含量高、可以营造庭院氛围的地方。无论是西溪湿地店还是壹集店，虽然靠近城市商圈，却没有过于明显的商业气息。作为建筑师跨行业的第一次尝试，我对当时的选

明月松间海街店

择与前景并没有十足的把握，支撑我走下去的是一股热情与一腔情怀。

月芽·自由餐厅西溪湿地店地处西溪湿地商业街内，湿地景色自然天成，还有建筑周边散落的两个小庭院。在整体设计过程中，首先定下基调——充分利用湿地景色，发挥庭院的最大作用。并在因地制宜的同时，通过细致的设计、巧妙的空间配置，形成微妙的社交氛围。

设计中，强调建筑形态上的一脉相承。原木屋顶、小青瓦屋面、天然石材地面，在尊重原有建筑语言的基础上，达到新与旧的和谐共生。同时，视“自然”为设计最重要的元素，自景观至建筑、空间装饰，无一不在奉行，或者创造一种人与自然最好的共生关系。

同样是西溪湿地的另一侧，月芽·自由餐厅壹集店便落地于此。这里原本是一个旧厂房，所以在设计风格上，与西溪湿地店做了区分处理。建筑外立面保留简洁的白墙，配以大玻璃开窗，没有多余复杂的线条。室内采用裸露的水泥质感屋顶，粗糙质感的白墙，映衬着简洁利落的实木隔断和家具、布艺窗帘。餐桌间矮几上，无处不在的鲜花绿植，考究的餐具，让空间不显单调，又有温度，都是对安静、自由的美好诠释。

只有亲临现场，才能真正去感受、去体验、去畅想人们“为什么而感动，又追求些什么”。并将这一切细化至听觉、视觉、触觉，乃至味觉，用一种综合体验来构筑空间关联，令原有的景观与餐厅自然相融。

城市中的人总是穿梭在钢筋混凝土的围城中，这里的环境是城市人所向往的。因此，在设计中注重室内与外在环境的沟通，通过内在氛围的营造创造出轻松的、自由的、健康的、让人眷恋的方寸之地。饱餐一顿的同时，从视觉到舌尖上都经历一场完美体验。

## 生活是设计的源泉

作为一个设计师，必须有对生活之美的体悟，方能传递生活美学；必须有设计艺术的高要求，才能成就设计作品。所谓美学，其实并没有一个所谓的“标准”答案，俯仰之间，自有天地。其实生活之美就在我们身边，在于对生活态度的转变，在于对日常生活的发现，在于有意、无意间进行的设计。生活美学不再是一种概念，或遥不可及的少数人生活方式，通过我们设计和经营的项目可以实实在在地来到大多数人的生活中。

一个个项目，从图纸到最后落地的过程，使我学会放下所谓宏大目标和无关实际的虚妄，用心观照周遭，倾听内心的悸动。认定一个作品，便最好尽量做到和自己想象的一样，力求目标的纯净和纯粹。在设计和生活交织的过程之中，小时候的美好又重现其中。

“念念不忘，必有回响”。

夕上 • 虎跑 1934 书房

# 用设计创建生活的舞台

Wendy Saunders 生于比利时的一个匠人家庭。受工匠精神的耳濡目染，加上后天的建筑学教育，她的设计跨界范围很广，从几万平方米的城市设计，到中国的街坊，到一把椅子。从大空间里大量铺贴的材料带来的震撼，小单品上皮革的味道，对空间和产品使用者的感官和精神上都产生了极大的影响。Wendy 在比利时根特大学取得建筑学硕士学位，在荷兰的知名事务所从业十余年后来到中国。Wendy 的设计理念直接而有力，又不失幽默感、美感和大胆。

Vincent de Graaf 获得阿姆斯特丹建筑学院建筑和城市规划专业硕士学位和马斯特里赫特大学的室内设计专业学士学位。他曾在中国和欧洲等多个国际著名的设计机构担任室内设计师、建筑和城市规划师，拥有 20 多年丰富的国际项目设计经验。

Wendy Saunders & Vincent de Graaf

AIM 恺慕建筑设计事务所主创建筑师、联合创始人。代表作品：景德镇凯悦臻选陶溪川酒店、SOHO 长城脚下的公社、筑桥居“后社”酒店及公寓、鹏里“后社”西岸酒店式公寓、武汉英格卡中心二期酒店、复兴大浦塘地中海俱乐部和辉盛服务式公寓、中铁黑龙潭地中海酒店、杭州莫干山裸心谷、泰国帕卡隆海边度假村、斯里兰卡 K House 度假村等。

## 来到中国的故事

在阿姆斯特丹水岸旁生活的 Wendy 和 Vincent 时常能看到写着“China Shipping Line”的货船来往于港口。带着对东方国度的好奇，2004 年 Wendy 和 Vincent 放弃了在阿姆斯特丹的生活，从欧洲大陆穿越西伯利亚来到中国这片未知的土地，在这里扎根落地。面对刚来到中国时语言沟通的不流畅和重重困难，Wendy 和 Vincent 凡事自己动手、亲力亲为，和在地的手工艺者一同工作，把设计的种子撒在这片土地之中。来到中国的十余年间，Wendy 和 Vincent 也总结出属于 AIM 的设计哲学和理念——追求严谨而专注的设计，聚焦每个项目的独特性；将设计理念融入环境肌理，平衡设计愿景与可操作性间恰到好处的尺度。他们主持设计的空间拥有强烈叙事性与高辨识度，大胆、有趣、富有韧性。项目兼顾高度落地性和精致的细节。他们探索每一种材料的可能性，全力以赴地投入每一次创造的热情之中。

Wendy 和 Vincent 认为出发点和目的地同样重要，从天马行空的创意到最终的施工落地，从细节入手，着眼全局，每个元素都有其存在的关联和合理性。从概念，到落地，忠于愿景并全力以赴。

统一的设计手法关怀着生活的全方位需求，由 Wendy 和 Vincent 建立起来的 AIM 兼顾规划、建筑、室内与家具。他们怀着积极的意图、为创造美好的未来去洞察与设计，在项目中有机嫁接建筑、文化及社会语境。

AIM 在中国的设计土壤中汲取经验，在构筑地标的过程中成长，不断满足文化的快速更迭和对新鲜创意的需求。多年来积蓄的能量，最终释放在独创性的空间布局与建筑设计中，屡获大奖。

## AIM 度假村及酒店建筑项目

### 浮生御温泉度假村

浮生御温泉度假村坐落于四川省绵阳市安县，在这片 300 亩（21 公顷）的乡间土地上，AIM 为浮生御的整体规划精心打造了一个完整的基于土地、自然和水的休憩寓所，独特、质朴又浑然天成。

在这个建筑面积达 70 000m$^2$ 的度假村中，AIM 已完成了主规划设计，景观、建筑及室内设计。主规划设计力求运用现场各类不同景观特色。各种功能体现于不同的建筑类型中，各种建筑类型皆获益于其所在环境。这些建筑类型虽属于一个建筑范畴，却又具有多元性及独特性。

规划有限数量的建筑，满足建筑彼此及建筑与自然的相互和谐，室内设计无疑更加体现出建筑与自然的独特联系。在这里人们将领略到自然景观，以及高端享受与精致现代建筑的完美结合。

浮生御温泉度假村在罗浮山脚下，这里是中国传统的温泉区域之一。四周河流蜿蜒，地下温泉自然溢出，辅以崇山峻岭和绿树环绕。这是一个温泉遐想的“理想国”。从项目一开始，其所处环境的迷人风景就对设计的概念产生了强烈的影响。

俯瞰基地全景，借自然之势将主要的公共建筑构建在环绕场地中心的小山之上，与度假区内各个方位的区域都存在着一衣带水的联系，次要建筑由此辐射发散，分布于场地各个角落。天然温泉分布于各个角落，建筑之美与水的温润完美融合。

这个度假村最重要的吸引力基于大量多样的温泉水疗。温泉建筑环绕场地中心的小山而建。当人们在各个温泉池间漫步时，能享受到移步换景的乐趣。

多数的池子在室外，提供了一系列的体验。我们试图用不同的形式来表达不同的水的主题，有蒸汽池冰池、冰池、浴池、草本池、盐池，以及不同浓度矿物质的池子。一些池子是静态的，还有回旋的、冒泡的、按摩的，等等。我们试图使这些场景真实、纯粹，仔细地考量这些池子在景观中的位置以创造一个完全避世的空间。

浮生御温泉度假村·Spa 楼外观

我们选择了亲近自然的建筑材料。许多墙是用灰泥、卵石或者旧木板制成。材料板块的中心是湖石。这种源自本地的石头是一种砾岩，当中的卵石是经过水流经年的塑造而形成。切割这种砾岩会显示出卵石的各种形状和大小，以及自然界丰富的色彩。这种石头大量用在度假村中，定义了许多地面和泡池，我们也用它作为湖中的座椅和别墅中的厨房台面。我们也把它浇筑进混凝土道路，用类似的本地石头来制作水渠和景观墙。

除了温泉中心，还有一个建筑，我们命名它为 MuWeCo，它是一个小型博物馆、婚礼仪式厅和会议空间。它有着个性鲜明的拱形屋顶，其形状更像一顶大帐篷而不是大建筑。帐篷外观造型设计旨在将大尺度空间变小，更具亲和力。立面上三角形的结构在形成建筑顶部的同时也围合成了建筑的立面。它还有一个戏剧化的入口大厅，建筑的另一边是一个对着谷地开放的大平台，在此远眺温泉中心和环绕它的公园。三角形的开口不仅拉近了天花与地面的距离，增添了空间的亲和度，更是通过大空间分割的设计艺术让室内的光影变化生动有趣。

度假区内最主要的建筑——Spa 楼围绕中心山丘而建，采用环形布局设计，借助地形构建形体

MuWeCo

宾客寓所中每一个细小的空间都被 AIM 精雕细琢，以一系列的不同的别墅呈现着，这些别墅形式上不同但有相同的材料。他们被设计为雕塑，尽可能保持私密性的同时，提供与自然最紧密的联系。套房别墅立面上，AIM 将别墅外立面覆盖碳化木和木格栅，大面积的木制选材让私密的休憩空间倍感温暖和舒适，同时呈现了一种人与自然和谐共生的方式。以木头温暖的触感和一定面积的玻璃开窗形成了立面上灵动的虚实节奏。室内则是现代风格，以材料的自然形式来创造纯粹的感受。回收木、软木、地毯使人感到温暖和舒适。许多家具是由我们设计定制的。

同相对偏僻地方的建造商保持合作关系也是项目的特点。这样的项目需要紧密的合作，他们常常需要修建一些对他们来说全新的东西，另外，我们也学到许多当地的建造方法。

MuWeCo 室内

浮生御温泉度假村为中国乡间一个神奇的地方提供了独特的康体和建筑体验。它已经成为一个个人化的、充满希望的、可持续和可爱的场所。当建筑遇见水，生活不止眼前的奔波与忙碌，还有愉快的心情和宁静的远方。

浮生御温泉度假村同时入围 2016 Architizer A+ Awards 奖"酒店度假村"类和"建筑与水"类项目；获得 2016 年 WAF（世界建筑节）酒店与休闲类最佳设计奖；同年获得 MIPIM 亚洲地产大奖酒店和旅游类金奖。

## K House

AIM 恺慕建筑设计事务所和 Norm Architects 一起，在斯里兰卡南部设计并建成了一处独特的度假村，一座僻静的海滨酒店，周围环绕着郁郁葱葱的绿色植物和令人叹为观止的美景，通过使用天然材料的柔和过渡，让建筑与大自然轻松融为一体。

这座独特的度假村由两栋单体建筑组成：东边的建筑位于场地丘陵地带的顶部，面向大海；西边的建筑则略微隐藏，提供更多的遮蔽感。两栋房子在一起形成 L 形，与中间的绿色花园和中央位置的泳池区形如环绕状。谷仓般的结构自然地融入景观，围绕着整个户外公共区域，让度假区面朝大海，使人享受美好的景致。

建筑由天然材料构成，涉及当地的柚木饰面、水磨石地面、抛光的水泥外墙和花岗岩铺设的户外区域。屋顶采用可回收的陶土砖，与房屋的整体自然外观和肌理相得益彰。

得益于温暖宜人的气候，建筑可以通过柔和的过渡融入自然。设计通过对不同地面标高的处理，实现了户外起居、用餐、门廊等功能空间的划分。大型推拉门则引导着建筑主要空间通向景观花园。百叶窗由木材制成，以避免透光。两栋建筑的宽敞屋顶覆盖了室内和室外空间，使空间免受雨水的侵袭和阳光的直射，让人感受到自然呵护的舒适感。

东边建筑的公共区域彼此相对开放，宽敞明亮，而西边建筑的起居室和餐厅则拥有更加亲近和私密的感觉。客房均为独立空间，拥有极简的内饰与布置，为客人提供休息的场所。

K House

酒店中两个房间的浴室均可连通私人庭院，可在淋浴时享受环绕着的自然奢华氛围。

定制家具包括休闲区的内置沙发、卧室中延伸的桌面，以及座椅的床头板。定制的现代简约设计风格结合当地的古董家具及配饰，为整个空间带来一种熟悉而又原生的氛围。

## AIM 度假村及酒店室内设计项目

### 景德镇凯悦臻选陶溪川酒店（中国，景德镇）

瓷器的力量

坐落于景德镇的城市心脏，扎根于集艺术和旅游开发为一体的陶溪川二期，恺慕建筑以陶瓷为灵感，设计出独一无二的凯悦臻选陶溪川酒店。

这个被命名为“痴迷之路”的项目有着一段关于旅程的故事：像瓷器本身所拥有的漫长而迷人的生命，这是一段走向探索的未知旅程，感知着寻找真相的冲动及其之间的所有相遇。

景德镇凯悦臻选淘溪川酒店大堂

灵感源于瓷器绿釉的酒店大堂廊

考虑到这一点，空间以瓷器的生命旅程为灵感按主题划分。从瓷器起源于中国到传播至世界各地，再跨越东西、融会贯通后，以其独特的形态回归于故土。不同的空间分别是起源（大堂）、创造（大堂吧）、发现（宴会厅）、魅力（全日制餐厅）、欣赏（健身中心）和回归（客房）。

每个空间都以不同的方式探索和使用着陶瓷，延伸出不同的颜色和肌理。每个区域都是旅程的一部分。在此，原始与精致融于一体，以新的形式诠释陶瓷为建筑、室内设计、家具及图案。

凯悦臻选蜕变

景德镇位于中国江西省东北部，是世界瓷都。千年来，它为历代帝王服务，其登峰造极的陶瓷技艺被誉为东方精华。这里是瓷器的发源地，因此而衍生的发展之路为景德镇打开了全新的世界。

从意为白瓷的半透明白色到上色的绿釉和蓝釉，从丝绸之路到窑炉，瓷器不仅是一种产品，更是一种艺术形式，一种存在的方式。这里，是一家文化目的地酒店。这里，大理石为陶瓷让路。

酒店现代砖砌建筑由大卫·奇普菲尔德工作室设计，由三个庭院区块组成，且由一条宽敞的室内街道相连。

恺慕建筑对室内的处理手法首先是“完成建筑”：将外部的砖砌立面延伸到内部空间，使建筑完整而非替换材质。

我们的第二个设计手法是将三个体量中的每一部分都赋予了不同的陶瓷工艺。休息室上

景德镇凯悦臻选淘溪川酒店客房

以绿釉；餐厅和水疗中心以钴着色为蓝釉；会议和宴会厅则彰显白瓷的轻盈和透明。穿过酒店，就是穿过不同工艺瓷器的过程。在标准酒店中的一系列大理石在这里变成了匠艺与技术的万花筒。

在连同街道的中心，一件灵感来自烧瓷火窑的物体俨然而立，创造了独特的黑色观景平台，而这个“火窑”本身就是一件艺术品。脚下的灯仿佛呼唤着来自窑的强大热量。

客房区更加微妙踏实。被称为工作室的地方，是回归、隐居和养精蓄锐之处。客人在无釉、似工作室般的质朴纹理的长凳和衣架间休息着，恢复精神。黏土色调主导着空间，特别的帆布墙面肌理则创造了客人与材料相遇和独处的机会。

这间酒店是对景德镇瓷器技术和经验的致敬。现在的它，同帝国时代的葡萄牙或商人时代的荷兰一样值得游历。在这里，陶瓷以前所未有的方式被纪念着，既表达了作为一种真诚的材料，又探索了它在室内设计中的多种功能性和巨大的力量。

对于我们来说，这个项目最具挑战性的是改变人们看待酒店的方式。人们通常对酒店有着很多不同的期望。很难定义一个好的酒店是非常豪华的，或是一个更具实用价值的酒店。就此项目而言，这家酒店本身就叙述着独特的故事。这个独特的故事当然也带以非常规的酒店设计解决方案，否则不会有它独特的唯一性。

所以如何创造具有奢侈感、又同时兼顾着不同的功能和条框，来说服项目的各级负责人，是最大的挑战。我猜这也是成功的基石之一，我认为我们需要更努力地针对所有的设计元素做到周全的统筹兼顾。

我们希望尽可能用细节讲述和表达这间脱胎于陶瓷的酒店，所以我们在设计中没有去运用那些酒店设计中的隐性规则和常见于酒店设计的大理石材料。

这间由大卫·奇普菲尔德工作室设计的建筑最终成为探索景德镇陶瓷技艺至关重要的旅程。而我们证明了在这间不同寻常的酒店中，当地的手工艺也能够产生融合当代环境的绝妙创意，丰富的在地文脉可以成为创意的强大驱动力。

## 裸心谷（中国，杭州莫干山）

将裸心谷度假村南非的异域风情植入莫干山的竹林旷谷中，用自然材料诉说当代关怀，通过前沿设计在中国筑出一片隐世之乡。

2010 年，一名南非的酒店开发商联系到我们，希望能够在杭州莫干山修建非洲风情的自然度假村。这听上去是个大胆的想法，但在实际操作上，我们有些为难。如何在一个与非洲大相径庭的中国山谷里，呈现如此具象的当地风情？

设计之初，我们试图寻找两者在材料、质地、手工艺品和色彩方面的共通之处。室内设计作为一场糅合两种文化的实验，将

裸心谷客房

裸心谷景观及客房细节

奢华与野趣同时在度假村中呈现。

裸心谷于 2015 年 10 月竣工，距离上海两小时车程，拥有 120 间客房、2 家独立餐厅及 1 间会议室。我们用当代视角诠释空间，将自然材料贯穿始终，最终创造出独一无二的度假胜地，处处流露出现代的设计语言。

在项目的设计过程中，我们惊讶地发现，中国与西方游客对于乡村度假的需求竟如此一致。裸心谷掩映乡间，住客在此体验当地的生活与文化，在竹林间信步游走，放松身心。随着时间的推移，度假村的环境还将不断演化，更加紧密地嵌入自然之中。

作为 AIM 首个城市之外的项目，裸心谷突破了我们原有设计思维的边界。踏入乡村，与工业时代前的材料和当地手艺人打交道，都转化为 AIM 的宝贵经验，展示出创意与设计的无限可能。

## SOHO 长城脚下的公社

对长城脚下的公社的初印象开始于 2005 年。那时候我们对中国的现代建筑项目带有敬畏之情，同时也很渴望有更多赋有正能量的现代建筑出现在中国。在当时来看这个项目是非常惊艳的，也象征着中国现代建筑发展的重要一步。2005 年建成位于长城脚下的公社，不仅是建筑设计中极具代表性的杰作，也在一定程度上推动了中国现代建筑文化的发展。SOHO 当年对现代建筑设计在中国发展的憧憬和无限可能性的期许都体现在这里，他们搜罗亚洲区域最顶尖的建筑师，建造了一系列极具前瞻性的度假别墅。酒店主楼俱乐部由承孝相设计，而度假别墅性的客房分别由隈研吾、坂茂、张智强、Antonio Ochoa 等以及其他著名建筑大师参与。我们怀揣着尊重每位建筑师最初的愿景进行设计。希望在室内延续其建筑的精髓并形成完整的体验，每栋建筑室内都将带给客人独特的叙事体验，还原其精神，进入建筑师的梦想世界。

这个项目大约用了 6 个月去准备与设计，建造的过程也持续了大约 6 个月。当然，在设计的过程中也会存在现实情况与设计之间的磨合。同时我们的设计也在国际酒店集团的期望与经典建筑的视觉表现之间不断寻找平衡。我们希望这次的设计能够达成一种有意义的平衡。

（1）俱乐部（原始建筑设计：承孝相）

“使用比拥有更重要，分享比添加更重要，清空比填充更重要。”——《贫穷之美》，承孝相

遵循建筑师的理念，AIM 重新创建了一个基本元素的空间，消除了所有多余和不必要的细节，只留下对简约和粗野建筑的思考，并专注于自然。

（2）竹屋（原始建筑设计：隈研吾）

隈研吾经常创造出一种超越当下潮流的朴素建筑。古代材料、传统工艺和自然材料的使用表达了他对建筑的谦逊和朴素的渴望。然而，这种简单中隐藏着复杂的层次和纹理，建筑在简约的外表下呈现出微妙和复杂。

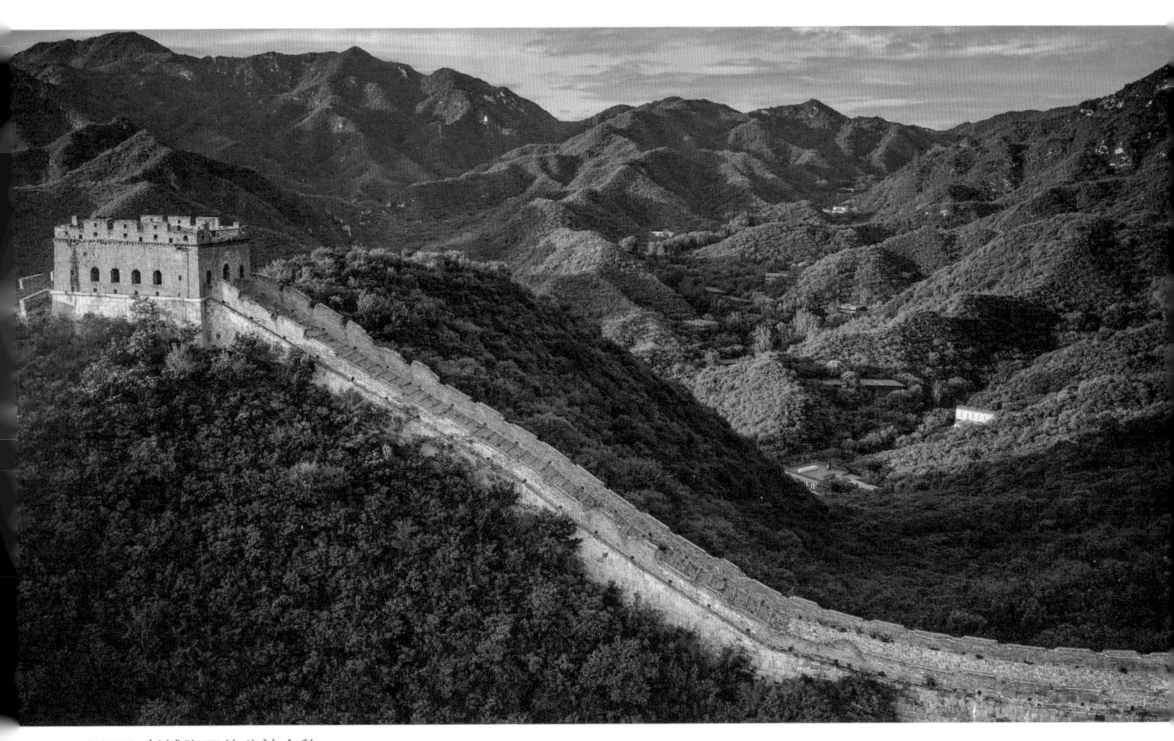

SOHO 长城脚下的公社全貌

通过重新思考朴素建筑的本质，AIM 的设计以干净和基本形态来表现极简。所有的材料都来自自然或当地采购，空间充满原始传统工艺气息。同时，精致图案和纹理细节也塑造了高端空间。

（3）红房子（原始建筑设计：Antonio Ochoa）

在访问北京期间，紫禁城庄严而精致的建筑给 Antonio Ochoa 留下了深刻印象。这段旅程的记忆也对红房子的设计产生了深远的影响。

与外部建筑相一致，AIM 在室内延续了同样的设计语言。红房子的材料选择丰富而大胆，纹理明亮而富有活力，让人联想起传统宫廷建筑的鲜艳色彩。红色纹理灰泥、绿色大理石、上釉瓷砖、拉丝黄铜及红色的胡桃木，似乎重现古代中国的历史风韵。大胆、丰富、曲线的形态也使人联想紫禁城建筑生动和蜿蜒的形态。

（4）森林小屋（原始建筑设计：古谷诚章）

“建筑的价值对我而言，在于它提供了一种思考世界的框架。”——古谷诚章

在森林小屋中，建筑作为人与自然关系的背景，它创造了互动的可能性，以及与森林紧密的空间关系。

用“极致”“简约”定义了室内设计，并加强了建筑与周围景观之间的联系。每个客房都由自然纹理的灰泥所覆盖。房间中唯一折叠并具有不同功能的元素——有时是床、衣柜或一个书桌。

竹屋

俱乐部

红房子

大通铺

（5）“大通铺”（原始建筑设计：Kanika R’kul）

“房子应该将客人‘暴露’于周围环境中，但同时也应该是一个庇护所，能够‘保护’他们不受一些过于严酷的自然侵害。”—— Kanika R 'kul

“大通铺”旨在重新创造一个保护性的环境，保护客人免受恶劣元素的干扰，创造一个亲密舒适的“茧”，让人能冥想和放松。家具、窗帘、柔软的材料环绕和“拥抱”客人，让人感到安全和亲切。

Wendy 和 Vincent 在中国飞速变化的城市中学习与成长，见证了良好的建筑空间是如何促进社会改变，影响人际关系的。他们用自己的手法促生改变，这激发了重塑城市肌理、为美好未来而设计的雄心。

Wendy 和 Vincent 以自己的方式创建着生活的舞台。他们认为建筑应以人为本，打破建筑类型的条框，重塑日常生活。他们基于人性化的思索，创造让人充沛灵感、巩固连接的空间，最终打通人与其所在环境之间的关联。

意蕴丰富、经久不衰的建筑，终将成为沟通人与世界的桥梁。

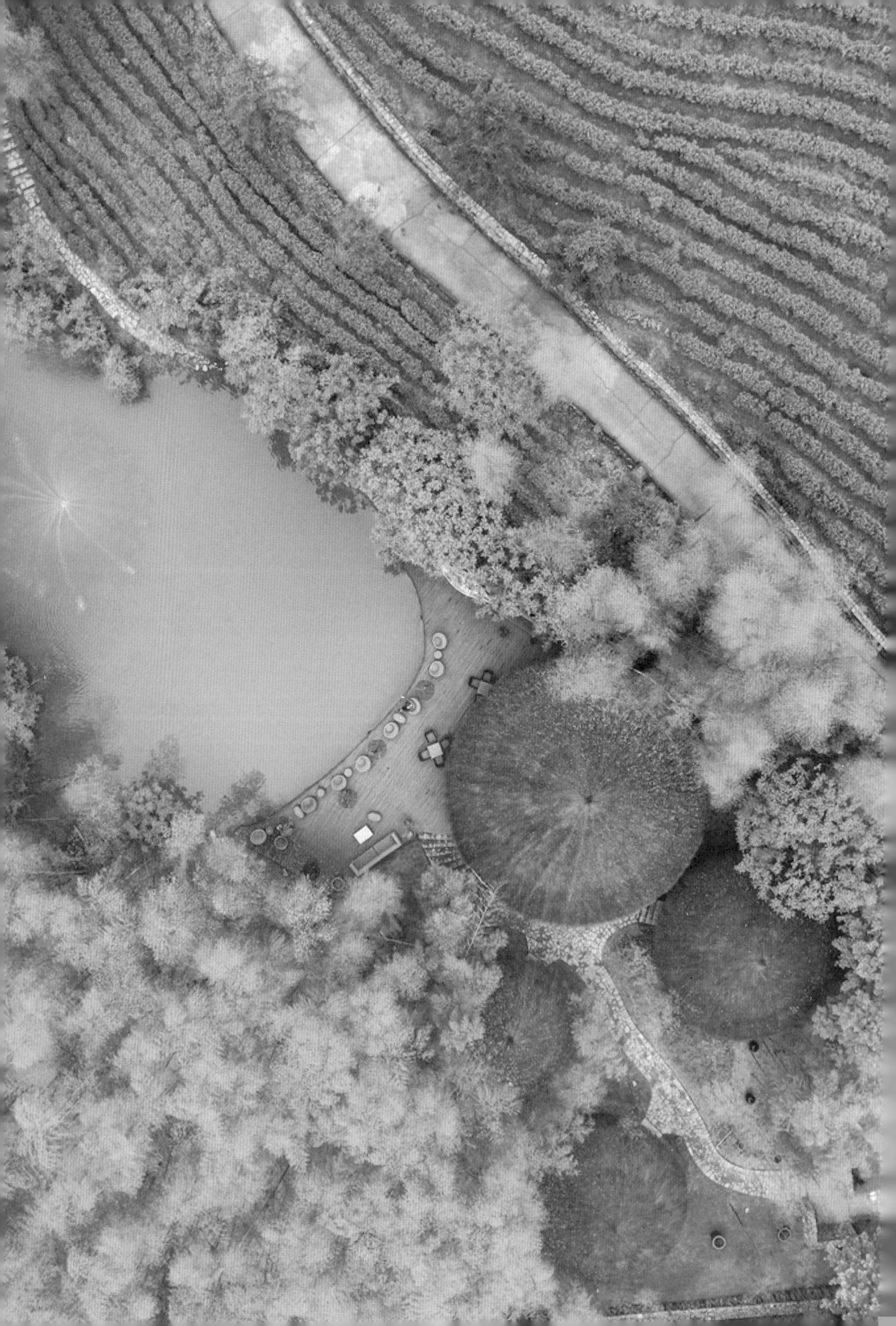

# 设计最重要的是让文明延续

**吕晓辉**

环保建筑师、晓辉设计工作室创始人。
晓辉设计工作室致力于设计与环境的关系研究和推动。
代表作品：裸心谷裸叶水疗中心、裸心小馆，中国路虎湖州体验中心，西坡莫干山，裸心堡接待中心、奢华小院、活动村、水疗中心，裸心堡岩石剧场，松阳桃野，贝加尔湖旅行酒店，飞鸟岘花迹酒店，莫干山木可町艺术酒店，内蒙古草原宿集 MUUA 等。

我的童年在丽水缙云的乡村度过，我喜欢观察村子里的一切，也会一个人漫无边际地想象。现在想来，这些真切的童年经历，让我毫不违和地在人到中年后又回到乡村——小时候，看河流里的水和岸边的蚂蚁，与同伴们玩耍；现在，有意识地观察生活中人的情绪、空间的状态。

设计，并不是我最初的理想。初中之后，我一直和美术打交道，素描、色彩等和绘画相关的都涉及，很基础，也很宽泛。我喜欢画画，但要成为绘画大师太难，如果绘画要产生价值，会被太多东西左右。给画作定价，往往不取决于绘画本身，而是人的身份地位。当我二十多岁的时候，突然想明白了这个道理，我开始思考如何把学问转换成价值。

设计可以，它更接近于日常需求。

## 设计的前奏：家具、德清、老外

20 世纪末，一个偶然的机会，我进入中国传统家具翻新的行业。得益于我有绘画和艺术的天赋和积累，自然充当了翻新家具设计师这个角色，也成了我在设计领域里的首个门类。我们到处收购老的、废弃的中国家具。

对于中国传统文化的认识，中外有时间差，哪怕多年后网络已经很发达，我在莫干山附近还常能捡到居民丢弃不用的家具，大多数人总是觉得新的好。所以，我们当时的客户多为老外，他们认可旧物的价值，爱不释手，将其收藏或者作为家中装饰，成为身份的象征，因为家具里记录着文明的

家具设计期间，吕晓辉先生和他的客人

痕迹。所以，我时常想起建筑大师贝聿铭先生说过的被广为传诵的话：“越是民族的，也是越国际的”。

前后算起来，我作为家具设计师的身份大概有 8 年。家具让我认识到一个新的世界。那些购买我们家具的人，大多已有一定的财富自由，或有很大的居所，他们选择住在自然环境好的郊区，不困于拥堵的通勤，过着更富足的生活。还有一些是有文化追求的独立个体、自由职业者，他们喜欢并懂得类似的器物。基于这样的习惯，我们的翻新也会遵循器物的历史性、当代性和艺术性，这些观念也影响了我后来对设计的理解。

2006 年，随着仓库的搬迁，我从杭州迁居德清。来德清很大程度上基于我非常喜爱莫干山，交通区位和自然人文很好，距离上海和杭州都近。但我并没有超能力预见莫干山的未来，只能肯定的是，当时的德清，街上没几个红灯，几乎可以闭着眼睛过马路。记得在新家的第一晚，因为外面实在太安静，我能清晰地听到自己的呼吸声，这种感受只有离开城市的喧嚣才会有。这也是我离开城市的第一步。

而在德清，我认识了不少老外，其中就有马克。

英国人马克·基多最初是《That's Shanghai》的创办人，2006 年，他来到莫干山，在山顶荫山街租了个店面开了家咖啡馆 The Lodge。有一天，他来我们公司楼下小卖部买香烟，我跟他打了个招呼，听说他在山上，我便想着改天上山去看看他。经由马克介绍，我又认识了高天成，裸心谷的创始人。

## 设计之初：“裸心”开启全新的乡村度假和生活方式

那时，南非人高天成已经进入莫干山，一次骑车迷路，意外撞见了一个村子（三鸠坞），发现村里有很多闲置的房子，便想打造一个老外在中国乡村的栖息之地，就是后来的裸心乡。三鸠坞是个典型退化了小山村，高天成和太太叶凯欣一共找了 4 栋闲置的房子，已经完成了其中两栋建筑的改造。

高天成和我最早的“交易”是购买家具为裸心乡项目使用。有一天他突然问我有没有兴趣帮他改造其余 2 栋房子，负责管理到落地。

我没设计过房子，但对空间和物体很感兴趣。这些老房子，在某种意义上，和老家具翻新是一样的，本身并不差，只是旧了。

裸心乡的建造条件很艰苦，运输靠骡子，村里没自来水和污水处理设施，都得自己设计建造。运输困难，只有用山上的石头、土、竹子，以及现场遗存的旧东西。我们只能顺应场地采用自然而然的设计手法，就像厨师做菜，根据材料设计菜式。这也是我欣赏的斯里兰卡建筑师杰弗里・巴瓦（Geoffrey Bawa）的“顺势设计”理念，我之后的设计也经常使用这个观念。

2008 年，裸心乡完工，对外营业。影响力超出预计，还上了《纽约时报》，被誉为全球 45 个最值得去的地方之一，在上海的外国朋友终于找到了度假品质不错的乡村。那时，中国

裸叶水疗中心鸟瞰图

裸叶水疗中心建成后

的郊外只有农家乐、招待所、宾馆，裸心乡提供了一种全新的度假和生活方式。

时隔两年后，裸心谷启动。高天成又找到了我。他认为，我们在裸心乡相互配合得很好。同时，在丰富度假村设计多元化这个理念上，我是唯一中国本土的设计师，有自己的在地见解。

于是，我拿到手的是裸心谷的水疗中心和项目展示馆，后来命名为裸叶水疗中心和裸心小馆。

在设计水疗中心的时候，刚好《阿凡达》上映，给了我很多设计灵感。人类，是充满想象力的生灵；自然，是人类行为的依傍。行走在莫干山，树叶随风飘落，当你掀开落叶，发现里面躲藏着昆虫或蚂蚁，这是不经意被你发现的世界。这种欣喜，和童年顽劣在山间水边一样。于是就有了依山体等高线匍匐在森林里的 8 个按摩房和 1 个主体建筑，被山林树丛遮掩着，若隐若现。

我用回收的旧木建造按摩房的屋顶，外墙材料则是泥、草和秸秆的混合，小工很自由地把和好的土往墙上扔——这也是我喜欢用小工的原因，他们不像大工，已然被规范和标准束缚。小工更自由、无所畏惧，而这种自由会传递到作品中，呈现出松弛的状态。

整个水疗中心呈现了掩映在落叶之下的空间之美。高天成说："你这个房子太酷了。"我的工人也很欣喜，看似普通随性的建造，没想到成就了一个如此优美的作品。因为是几个树叶的造型，后来就有了"裸叶"水疗中心这个名字。水疗中心外立面完工的时候，已经有一种镶嵌在森林里的感觉。从自然里来，又回到自然。

裸心小馆更有意思，几乎是整个裸心谷快完工时才启动建造的，用的材料都是项目建造时拆下来的旧模板、铁架、夯土、毛竹，以及其他剩余的废料。不向外求，颇有一种"我来做最后一道菜"的傲娇。

裸心谷正式开启了莫干山民宿时代，而此时，裸心乡已经逐渐

裸心堡度假村

裸心堡岩石剧场

退化。2014 年，高天成计划重返裸心乡启动裸心堡项目。一是希望能在始建于 1910 年的苏格兰城堡遗址上复建一座新的城堡；二是因为对裸心乡所在的村子怀有情感，也想结合城堡做一个更高端的项目，树立起“裸心”在莫干山区域不可动摇的商业地标。

经过前两个项目，我和高天成也已熟稔。他对我很信任，把整个村子的改造任务都交给了我，包括度假村的接待中心、活动村、水疗、岩石剧场等，设计总量远超之前的项目。

从裸心乡、裸心谷到裸心堡，我对气候与材料、设计与环境之间的联系有了更深的了解。好的设计应该更顺应自然和场地，遵循生态、低碳、环保、可持续的设计理念，既能延续历史，还能适应当下，影响未来的设计。

## 中国路虎湖州体验中心：设计师应该充分理解品牌精神

2012 年，亚洲最大的中国路虎体验中心完工，这是我比较重要的商业设计作品。项目在裸心谷度假村内。那时的我已经不是室内设计的新手了，但对于商业项目，还是第一次尝试。

设计前，我花了大量时间研究查阅路虎的品牌资料，找到了精神上的共鸣——路虎提倡与地球可持续发展的理念。了解路虎的历史，最早的车型“卫士”便是用回收二战时的废旧铝作为车身壳，一能有效降低车身的重量、降低车能耗，二来减少新资源的获取，这种旧物再造的传统沿用至今。此外，路虎只生产越野车，因性能可靠成为越野车的贵族。基于这些，我运用越野车碾过大地留下的车辙作为品牌文化的精神。车辙被设计在体验中心的地坪上，从室外碾到室内，又驱向室外，无限绵长。

为了体现路虎的品质，我在体验中心的吧台上铺了一整块厚 60mm 完全实心的铝，和路虎的品质一样，结实、凝重、可靠。这给很多人留下了印象，他们笑着说：“居然搬不动？”我的供应商也说，做梦也没想到有人用整块铝板。但对我来说，这本来就是我喜欢用可靠的材料的体现。另外，细节很重要，高品质的东西应该表里如一。

我还设计了很酷的门把手。专门去河谷里摸石头，寻到大小合适的，将其激光对剖切成两半，剖面抛成镜面，做成对称的拉手，原始而未来；另外，室内地面我用的是 1000mm 直径的激光切割的不锈钢罗盘，深深嵌入水泥抛光地坪。所有这些，让科技与自然协同共生。

这个时候，设计在我心里已经被打开了，它不是一门冰冷的技术，而是一种无声的语言。我也陆续听到朋友们的反馈，他们说，“那个作品一看就是你的”，也许这就是所谓的“风格”。但我清楚，我已经渐渐了解自己会做什么，能做什么，我很自如，能把握拿捏的准确性。

中国路虎湖州体验中心

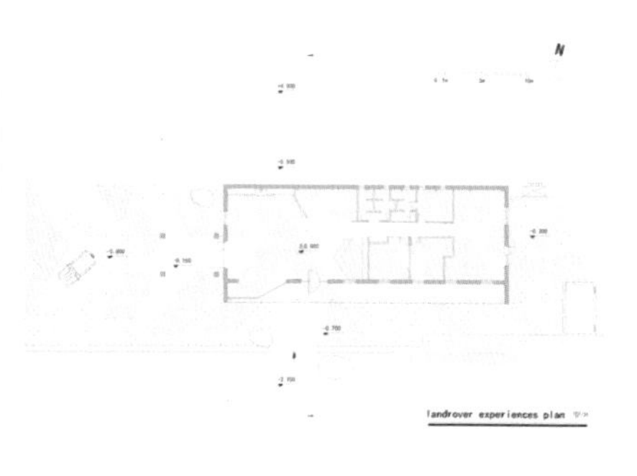


中国路虎湖州体验中心平面设计图

## 桃野：让村庄摩登地流动起来

坊间传言我挑业主，我承认，面对大量来找我做设计的甲方，我最终接单的比例只占 5%。对于我来说，设计是一个气味相投的过程，业主和设计师不仅仅是金钱和雇佣关系。只有双方契合，才能最大程度确保项目的完整度，让设计理念得到一脉相承的实践。

孙迎盈是上海人，但四海为家的成长经历让她对农村格外有感情。在松阳一家民宿住了一晚庆祝结婚纪念日后，她就执着地开始找房子，最后找到了如今桃野所在的三都乡松庄村。

孙迎盈雄心勃勃，一开始就不局限于做一间只有几个房间的民宿。她租下了几乎整个村子的老旧房子，要做整村营建，那时是 2018 年。和大多数民宿主一样，她也到处考察和体验民宿，最后托人找到了我。很不巧，那年我的工作已经排满。

桃野 / 镶嵌在松阳这个 600 年江南秘境的古村里

改造后桃野的公区和餐厅

孙迎盈很执着，一直追着我，甚至表态，愿意等我。我就出了份问卷给她，问题包括为什么投这个行业、如果赔钱你会怎么做、你对哪些住宿品牌比较认可、我们做的作品你欣赏哪几个、你以前从事过什么行业……所有这些问题都以文本文档的形式发给她，她也需要用文字来回复我。

不是电话，不是视频，而是文字，因为文字代表着深度思考和清晰的逻辑。某种层面上，通过一个问卷能看出经营者的心意和能力。假设她不愿意回答，或者回答不了，嫌麻烦和矫情，或许也从侧面说明这个业主可能不够优秀。

孙迎盈非常认真地回答了每一个问题，我也被这种执着和干脆吸引，答应尽快帮她做设计。

松阳所在的丽水市是我家乡，它和莫干山不同，区位上，不挨着大城市，要让人驱车好几个小时来这里，就注定这个产品不只是住一晚这么纯粹。所以，我们急切地希望营造一种拙朴又摩登的生活，让外人有冲动进来并住下。不然，连这仅有的 30 多位原住民也一并消失。

这个时候，我的业主，也就是孙迎盈对我提出了要求，她让我多去上海的武康路走走——这一点非常好。如果建造和设计业的最初只是业主雇佣一位有名的设计师帮他实现梦想，或者业主本身就是设计师，那么现在，是双方共同在打磨一个产品。我看到了民宿的进步，不仅在于体量、样式、风格，还在于前端设计师和业主的同频认知，我们更关注审美和价值观是否一致，知识结构是否相似，对彼此提出要求。只有这样，才有可能生产出一个好的产品。

我去了武康路，在路边咖啡馆喝了几次咖啡。那是一种海派的贵气，是一群不同种族的人聚在一起，又不打扰历史风韵的独特气质。那里的人有着精致的妆容，欣然被拍到，也主动用相机拍别人。

切换到桃野，它也是一个小型社区，只不过马路和红绿灯变成了山墙、小路、溪水、古桥……但这不妨碍客人精心打扮后穿梭其中。基于这样的认识，我将前台、客房、餐厅、咖啡馆等功能区分别安插在村子不同地方，让人们要走一段路才能抵达下一个目的地。从溪畔到山坡，桃野才有可能真正成为一个目的地，是城里人来这里工作、居住、社交的地方。

想通桃野的流线是一件很给劲的事，而如何在老房子里增加新的趣味点，给城市人一种熟悉的场景，使其流畅地理解和懂得乡村之美，是我感兴趣的地方。我们在桃野的外观上保留了和整个村子一模一样的风貌，但一走进室内，又变成了符合现代人对舒适有要求的自由空间。复制一个裸心谷并不难，在松阳更要紧的是，在粗野的地方植入细腻的东西，将乡野变成新的先锋。

桃野其中一个独栋客房

桃野内部，纯净的艺术空间

桃野是陆续对外营业的，先是客房、餐厅，再是 Spa，有一栋房子直到现在都没开工。我跟孙迎盈说，乡村营建是一个充满变量的过程，确实知道钱够用的时候你才能去动它。乡村建造费用要留 10% 在不可预见的事情上。不可预见的事情太多了，包括劳动力、材料、土地变更等，我们称之为漏项，一定要留够。

但没出我们意料之外，在这两年多里，桃野的客群就是我们希望的画像：年轻时尚，有着优质的工作和收入，集中在设计艺术领域，从事公关传媒品牌等工作。桃野也一直倍受外国朋友的喜欢。孙迎盈告诉我，去年她还迎来了四位邻居，他们通过桃野看到了进入乡村的可能性，觉得在这里有志同道合的朋友做伴，不孤单。

这大概能解释为什么前期我对业主有那么多的考量，一个作品从无到有，我们希望它是有生命力且持续发光的。

## 草原宿集：从景区旅游到度假生活

从去年夏天开始，我应老朋友，木亚文旅创始人刘杰的邀请，开始在草原宿集设计他的项目——目涯草原 MUUA。

内蒙古兴安盟科尔沁草原深处是一片丘陵，有河谷、树林、草地，在森林到草原的过渡地带，就是草原宿集的区域。

作为南方人，进入草原民族做设计是一项挑战，因为大多人对草原的印象很单一：蒙古包、哈达、马酒、马匹和牛羊肉，还有一望无际的草原。我一直在考虑，什么样的设计既能超越民族和文化边界，又能达到国际共生的关系？

因为文化地域差异，项目启动前，我们首先花了很长时间和精力着力了解当地的气候与建筑、自然与材料、人文与历史。其中，牧民家的牛羊马圈对这次设计影响最大。当地冬季极寒，最冷时会达到零下 40°。而且季风风速极快，急速时会达到每秒 26 米，这种切身体会过的极寒让我突然理解了古老的蒙古包的设计智慧：圆形可以抗风，一周不开窗防止漏风，屋顶开窗能增加日照，等等。

牛羊马是怎么过冬的呢？是怎么抵抗如此恶劣的气候条件的？皮毛厚实还不一定够吧？我们就观察当地人建造牛羊马圈的方式：建筑自然匍匐在大地，就像在天地间长出来一样。

朝向一定是坐北朝南，北面建筑极矮，防止北风，南面开口高宽，增加一天的日照时间，地面是黑土，蓄热非常好，到夜晚将会是室内温度的补偿。这些素材积累便成了目涯草原项目设计中的智慧，低碳、生态、环保的同时还能适应当地的气候，降低能耗。

草原引发我另外的思考是，都市和它的区别。都市因繁华而灯火通明，却没有了星空；草原恰好是倒置的，星空璀璨，没有灯光的污染。我们索性按这个思路设计了极暗的室内空间，用土作为建筑饰面——因为黑土是极好的蓄热材料，白天长时间的日照可以集热，晚上释放给整年温度偏低的草原建筑。

草原宿集 MUUA 项目现场

这也许是你住过的世界上最“黑”的酒店，我们用极暗的室内灯光设计来回应草原，因为，只有灯光暗下来，才知道银河和星空的存在，入睡在那里，好像贴着大地，空间静谧，只有月亮、太阳和星星可以对话。这样的暗黑作品对我的专业能力是一种新的突破，而草原宿集的营建，也是我们对旅游的挑战和革新。

草原宿集的营建还有一个插曲。去年（2021 年）5 月 30 日，马莉（南岸酒店的合伙人）打电话给我，口气很焦急：“赶快来，我们有个很重要的事情，可能只有你能帮我。”原来，兴安盟的书记前一天去草原视察，怒火冲天地叫停了游客中心和研学中心几个项目，低品质的在建工程让书记很不满意。果然，一天后，我看到的是木栈道、花海、观光平台、游客中心等景区化建筑。

草原是稀缺资源，项目地处偏远，本应顺着低密度、高品质的原则发展。而这种大人流的传统景区营建，其实是对草原资源的破坏。怪不得书记会生气，并希望我尽快拿出整改方案。

天　地　人

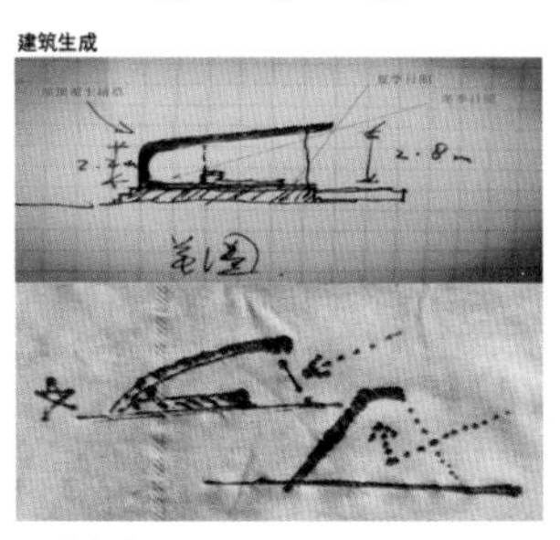


设计启发

项目叫停时建筑已基本造好，拆房重建不太可能，只能更改平面布局和内部结构。在确定了从景区旅游往度假方向扭改的前提下，我做了一份 PPT，其中有个非洲草原帐篷酒店的视频。非洲当地原住民世代以狩猎为生，造成了动物生态链严重失衡，大量原住民失业。国际生态机构为了帮助生态恢复和就业，启动保护性开发的度假酒店项目，将原住民转变为服务业从业者和动物保护者。经过大半个世纪的努力，非洲大面积的生态得以转型和恢复。在我看来，类似这样的低密度开发能帮助减小土地的压力，也能让草原生态得到保护并持续发展。

半个月后，我又飞了一趟草原。书记听完我的汇报，特别赞同我们的设计方案。

草原内有火山带地貌，使得游客中心一头的场地周边产生大量火山石，非常漂亮。而其后面的山顶上，留有一条宽 10 多米的龙牙和碉堡，能看出来当年这里是军事要塞。而在区位上，遗址所在的地方已然是边境，离蒙古国只有 150 千米。火山石、军事遗址、边境，这些要素造就了天然景观和异域风情。我提出了火山遗址营地酒店的改造方案，启发了建筑新方向，力图使之成为年轻人出行度假的疗愈之地。

游客中心的另一头紧靠草原河谷，这是自然保护区里极其珍稀的场地，有点像非洲拍摄野生动物的场地，只不过对面的花豹、犀牛换成了中国的牛羊马。我去过南非的一个酒店，嵌在自然里，整个建筑都从自然来、回到自然去。因此，我就在此设计了一个草原自然河谷酒店，有点保护性开发的意思。一头一尾，火山用石头开篇，河谷用泥土开篇。方案做好，让施工单位回炉做菜。

MUUA 客房室内使用蓄热极好的天然材料（效果图）

MUUA 客房设计极暗来回应星空（效果图）

## 设计师的终极关怀：可持续发展

经过这些年的设计，很多人给了我一个“环保设计师”的头衔。我不排斥这些标签，在我的设计里的确有个 75% 原则，包括 75% 以上当地建造材料，75% 以上使用可再生资源，75% 以上使用可回收再利用，75% 以上雇佣当地劳动力，75% 以上使用当地食材，因为我意识到地球的困难。

我最近在看比尔・盖茨的《气候经济与人类未来》，恐龙在白垩纪时代灭绝，那时全球气温上升 6 度；而从 18 世纪中期到现在，因工业革命，二氧化碳排放过量造成温度上升，现在才上升 1.5 度。南极的冰川解冻，海平面开始上升，气候发生了巨大变化，如果没人去干预，可能到 21 世纪末，地球生态环境就会不堪重负。而气候改变，会带来一系列恶性循环，改变我们的生存环境和经济，大量产业都会因为气候的变化而发生转变。

而环保，落到我们设计上，有很多值得去努力的地方。比如，尽少干预所在的环境，顺应场地和气候；运用可再生、可循环材料，减少建造和自然的冲突，降低能耗；前期把房子的隔热、保温做好，就算空调、地暖 24 小时运转，也花费不了太多能源，这就是节能。当然远不止这些。

我有时也会突发奇想，城市那么多路灯，是不是可以装上智能感应，只有车开过去的时候才亮，而不是亮一晚上。

设计，其实最不容易改变的是认知。很多人还停留在调料时代，而不是本真时代。设计时还在研究哪个材料更酷、更漂亮、更容易被拍照，而不是更环保、更节能、更健康，这是意识的问题，也是对时间的考验，也许要经过几代人的努力。

记得我还是家具设计师那会儿，有个美国客人来买我们的家具。吃完饭帮我们洗碗，很自然地开很小的水龙头。他说，这样比较节能。

或许上代人要好一些，就像我母亲这一代有很多循环用的东西，塑料盆种花，拖地板的水冲厕所，吃不完的饭菜喂鸡，

比尔・盖茨新书《气候经济与人类未来》

他们本能地不愿意浪费。

所以，我不拒绝参加展会、演讲、论坛等公共活动，只不过我的出发点不同，相较于寻找客户，我希望通过自己的实践和反思，借助公共力量，给行业引导和启发，而不仅分享我们已经得到的。

潜移默化，是对人的主动引领。举一个过去的例子。当我在莫干山做了裸心系，以及后来的西坡、碧隐、三秋美宿后，不少村民也来找我做设计。他们开始明白什么是好设计，什么是好居所，而非像过去，觉得城堡、琉璃瓦才是身份、地位的象征。里面包含了村民对自己家乡更长远持续的考虑。他们不是不懂，只是需要引导。

疫情也是一个拐点，大量的公共空间要被重新认定，“逼迫”设计师对空间进行新的理解，思考它们在未来是不是依然有需求。比如高铁，我在想，是不是可以拆分为更小的单元。乡村里大量的民宿是不是可以改变成小型的共享社区，为数字游民这种新型职业提供场所？

当然，也有人会说，现代浮躁的设计行业对年轻人不友好，他们要兼顾理想和生存。在我看来，行业总随着时代的进步而发生变化，相互匹配很重要。设计也分娱乐圈和影视圈，要找对片子和出场的角色，不合适也不能勉强。

对于设计师来说，要成为这方面的精英，扎实基本设计，形成自己的思想，不做电脑搬运工。高明的设计应该是顺应自然和场地，让地方来设计，而不是你设计了地方；业主也是，要不自己非常专业，或是行业的引领者，否则要让专业团队来做比较好，减少弯路。

Mauris News
NEWS
Blog news
SUCCESS!
FINANCIAL TIMES

摄影师：Martin Puddy

# 赋予物质以形状，赋予空间以灵魂

## Paolo 的家乡和小时候，深厚设计底蕴的孕育

意大利是我出生和成长的地方，也是个处处被美包围的地方。在我的家乡卡拉拉，白色大理石很有名，采石场的壮丽景观也让人惊叹，包括米开朗琪罗在内的知名艺术家会亲自来这里挑选大理石创作他们的艺术雕塑，如著名的《大卫》。

我常常梦想着在采石场的天然廊道内设计建造一个带阁楼的酒店，由天然大理石棱角分明地切割定义，打造一个五面的全高度空间，只对环境进行最小的干预，仅选用绝对必要的内部装饰，再在那里建一个纯白的游泳池，身在其中的人们将对周围的自然景观一览无余……

小时候没能理解，在意大利托斯卡纳大区所有城市的校园旅行中，那里的一切看起来都是那么美，那么不同……我走进博物馆，被那些不知道的历史震惊，艺术和美感已经潜移默化地融入了我的血液。

老实说，我并没有去"选择"成为一名设计师。对于我来说，成为一名设计师是一件再自然不过的事。我中学时最感兴趣的学科是工业教育。那时候，我的教授引领我们去尝试和使用不同的材料，到现在我还记得我们一起验证一个塑料袋需要多长时间才能在教室的窗外自然降解（也许现在那个塑料袋还在那里）。

Paolo Giannelli

Area-17 建筑与室内设计创始合伙人，高级建筑师。

我的父亲是一名工匠，暑假我会去给他帮忙，当时希望那些经历能帮我想清楚未来可能从事的职业。

佛罗伦萨大学，如同一座城市博物馆，每个角落都如一件艺术品，目光所及之处皆是美好，这种美不仅体现在闻名的历史古迹上，还在于这座城市如何从文艺复兴时期至今，被年复一年地建造发展起来，而新与旧又完全协调地融合在一起……这里的生活方式、时尚、美食，还有艺术氛围，都让我觉得来对了地方。我在这里学习建筑、呼吸并切实地感受设计。一起创建 Area-17 建筑与室内设计的七位合伙人，都毕业于这所大学。

## 旅行与工作，能将心打开的灵感来源

我在学习期间开始旅行，从那时起我探索世界的脚步从未停止（直到新冠肺炎疫情暴发）。每次旅行我都带着满满“一大袋”的灵感回来。我参观

Kapuhala 静修中心 / 主建筑

Kapuhala 静修中心 / 餐厅区域一棵穿透屋顶全景露台的棕榈树　摄影师：Martin Puddy

了所有欧洲国家的首都，以及它们的艺术和建筑展会、博览会。我上了瘾似地想发现，去探寻，去观察，从而让我的眼睛和灵魂得到满足和享受。

在巴黎完成 Erasmus+ 学生交换项目（由欧盟资助的教育交流项目）后，我的生活彻底改变了。我学会了敞开心扉，用另一种语言交流，去更多地了解其他文化，与国籍不同但同样热爱设计、拥有梦想的人们分享我的所见、所思、所想。后来也在纽约、上海住过，现在在香港。作为一名思维开阔、在三大洲拥有丰富经验的意大利设计师，我有幸在旅居生活中学会从不同的维度获取灵感。

工作里，追随著名的建筑大师的脚步绝对是我设计方法的基础，我的背景、日常研究，以及内在动力和幸福感，共同帮助我带来一个个好的设计。

项目对于我来说，可以被理解为一次漫长的旅途，创造力和技术总需要并行而至。有时我设计的主导理念来自艺术，有时来自环境，而有时它也来自应用于其他项目的信息和经验。在设计时，我们确实需要一种工作方法，但有时我也需要跟着直觉走。我还记得在巴黎的教授曾告诉我，“对于每个项目，你都需要有一个明确的想法，而不只是一个半成品”。

所以一旦我确定了想法，就会努力去实现它，这需要我在项目中占据主导地位，拥有强大的影响力。为了达到这一点，我需要在各个方面都有广泛的经验和知识，并且在不牺牲主导理念的情况下始终去寻找一个最优的解决方案。

## Kapuhala 度假静修酒店设计

Kapuhala 热带农场和静修中心是苏梅岛上一处精品度假村，创始人在 2018 年找到我时，这个品牌的名字还不存在。我们通过香港的共同朋友认识，他知道 Area-17 曾在苏梅岛设计一座别墅，别墅旁就是那块他想购买的土地。他第一次来到我们香港位于 2405 单元的办公室时，告诉我这数字刚好是他的生日，我们必须要让一件重要的事情在这里诞生，他深觉自己来对了地方，我们就开始讨论这个项目了。

在夏威夷语中，Kapu 的意思是“隐藏”，而 Hala 是一种树。将二者组合在一起，Kapuhala 就代表了人类隐藏的无限潜力，即人可以成长、发展并提升到自己的新高度。

设计时我们在餐厅区保留了一棵树，一棵穿透全景露台和屋顶、使两个区域相连的棕榈树，把它看作是Kapuhala和生长的隐喻。

Kapuhala 静修中心（效果图）

Kapuhala 静修中心 / 帐篷露台

我们想在苏梅岛上建造一个 Kapuhala 品牌的热带农场和静修中心，吸引健身爱好者及那些希望用更加生态环保的方式来旅行的人，打造一个新的全球生活方式品牌，它将带来健康旅游的新概念，为每个来这里的游客提供一个文化传承导向的、增强体能的、回归自然的体验。

Kapuhala 所在的地势情况非常复杂，这里土壤僵硬、参差不齐，到处都是巨大的岩石，但同时也展现出了丛林之美。这里有高大纤细的棕榈树、棱角凸出的岩石，以及查汶海滩美得让人屏息的景色。

为了更好地了解项目地点，计划所涉及的主建筑、帐篷露台、农舍、温室的布局和测高，我们在这片土地上上下下地走来走去，进行反复测量，这并不是一件容易的事，一个月的时间很多新植物就又长出来了。我们必须想办法去突显这片土地、树木、岩石本身的美，并保证每个房间都能得到最佳的海景视野，然后将建筑隐藏在丛林之中，让人尽情感受自然。我们测算路径并深入研究所有的施工地点，尽可能地尊重地势地貌的自然形态。

而对于 5 个帐篷露台，为了让它处于准确的高度，我们根据倾斜的土地借助不同高度的底层架空柱设置了足够宽敞的悬空露台，如果愿意的话，站在露台上的客人甚至可以伸手采摘旁边树上的果实。设计也必须同时照顾到每个客人的隐私，保留豪华房“农舍”周围的田间小径，再搭建一个悬空走道将两处连接起来。

对于主建筑，我们也研究了它最合适的高度，确保餐厅和 25 米长无边泳池里的客人能拥有最佳视角和绝美海景。再次用悬空走道连接入口至主建筑。不得不提，即使处于复杂的地势中，度假村也考虑到残障群体，所有区域和设施都可以通过电动高尔夫球车到达。

主建筑的低层设有最先进的健身房、水疗中心、更衣室和微型绿色水培温室，客人可以从主建筑的楼梯和小径到达这些地方。对于健身爱好者而言，这里的体验就像是参与了一次高强度的大师级课程，Kapuhala 静修中心通过运动顾问、常规训练、饮食计划等服务为客人制定科学的训练计划，从而提升体能。这里有岛上的第一家纯植物餐厅，只用最新鲜的时令食材，或从 Kapuhala 自家农场和微型绿色水培温室现场采摘，或从附近的当地农场采购。无论是在旅行中需要工作的"数字游民"、瑜伽人士、爱宠人士，还是单纯想要体验生态农场的普通游客，都能在此找到适合自己的活动区域。

环保概念是 Kapuhala 静修中心项目的重要理念之一，这是我们一开始就与业主达成的共识，围绕可持续设计理念，确保整个项目的方方面面都采用对环境更友好的解决方案。

第一次到苏梅岛考察项目时，我们就决定不砍伐这里的一棵树。在施工时，我们尽了最大努力，保留了几乎所有树木，为此我们不断修改调整走道和设施的位置。原则是将设计尽可能地隐藏在现有的原始丛林中，建造一些不太有侵略性、不违背自然的东西，但它又必须能很好地融入自然的茂盛植被中。

在丛林中搭建半永久豪华帐篷想法的产生，主要是为避免以传统的建筑施工方式给当地带去污染，而帐篷也可以在将来被轻松拆卸而重复利用。在家具及设施的选择上，我们决定都使用当地的传统材料且请本土木匠手工打造。就这样，我们根据岩石、树木和自然地貌，在丛林中搭建了一个个宽阔的露台，露台上是配备自然干燥系统的舒适帐篷。

从节约能源和回归自然的角度考虑，我们决定在主要区域设置的开放空间不使用空调设备，从而进行了大量学习和调研，我们发现自然横向通风的方法能很好地达到调节温度的效果，我们还设置了一个阴影区，借助屋顶、风、大型泳池和海面的微风作为天然的散热装置。选择这样的原始手段来调节室内环境，让身在其中的客人也得以远离大型机械运作的噪声，

Kapuhala 静修中心 / 无边泳池

Kapuhala 静修中心 / 半永久豪华帐篷房

真正静下来听风、听雨、听心声，这就是我们想实现的。

苏梅岛项目建成后，大家都很惊喜，他们通过不起眼的木制侧门进入接待处，便会立刻被郁郁葱葱的热带植物所环绕的壮丽海景迷住。我们想让客人在这里重新建立人与自然之间的紧密联系，消除他们对宁静的室外环境和舒适的室内空间之间的不同感知。

客户很喜欢我们为其打造的丰富的、完整的体验，他们反馈真的感觉通过静修之旅能够重获新生。新冠肺炎疫情期间，更多当地人在那里享受该空间，目前餐厅、游泳池和所有活动都已重新向公众开放。

## 环保，可持续性设计

如今，可持续性已经成为一个基本概念，它不再只是一个“趋势”，而是每个人日常生活的一部分，同样地，设计是为解决问题而提出有效的解决方案。所以如今“可持续”和“设计”应该是密不可分的整体。对于一个成功的可持续设计来说，它既需要满足特定需求，又需要顺应它的存在本身，即考虑到整体。这里的整体就包括环境，因此，通常来说，一个成功的可持续设计需要照顾生态系统，尊重自然资源和当地经济，在地球上留下最少的痕迹。最后，成功的可持续设计还需要是鼓舞人心的，它需要对社区负责，与当地的环境和人产生共鸣。

理解并尊重一个地方的特征，是我们进行建筑干预的基础，因此，如果我们处在正确的方向，那么地方文化和设计思维之间不应该存在太大的矛盾和冲突。我是佛罗伦萨大学的学生，在 Chistian Norberg-Shulz 教授的课上，他与我们分享的“场所精神（genius loci）”帮助我在此后多年的设计工作中对建筑进行解读，当我在其他国家工作时这一点显得尤为重要。他说：“事物的特征由它的本质决定，并将为我们在现实世界中对具体问题的研究提供基础。只有这样做，我们才能完全理解并掌握场所精神。”

酒店业就是这样一种行业，或者说是一门艺术，它在陌生的土地上款待陌生的人们。所以我相信，这里也将是应用和实践“场所精神”的绝佳场所。

在 Kapuhala 静修中心享受生活的人　摄影师：Martin Puddy

Area-17 合伙人合影

## Francesco Tarentini，医生家庭里走出的设计师

我生于意大利北部一个叫弗利的小城镇，每年夏天父母都会带我们到山野里的避暑别墅居住，乡村和小镇生活让我有机会亲密接触和感受到各种各样大自然里的事物，这些经历在我后来的作品中比较清晰地体现出来。

就像很多意大利人一样，成长于历经一个世纪又一个世纪，不同风格层层累加沉淀的同一座城、同一条街、同一座建筑的环境中，我的内心从小被一种恒久的、不断发展的归属感所占据，潜意识里不愿去掩盖或试图改变过去。

Francesco Tarentini

Area-17 建筑与室内设计创始合伙人，高级建筑师，意大利国家生态建筑协会专家。

在设计过程中，我一直喜欢在现有解决方案的基础上研究并进行调整以满足新需求，而不会总试图提出未基于时间考验的新方案。也由于同样的原因，我钟爱真实自然的材料，诸如木材、石头、陶瓷之类，它们的外观和质感不管从视觉还是从触觉上，都会随着时间变得更加丰富，如酒愈陈愈烈那般。当然，我对手工艺术的热情也来自这种传承，我认为学习物体是如何做成的、工艺是如何达到的是非常重要的基石，只有这样我才能理解物体中的每一部分，并懂得如何将各个部分结合而创造出一个和谐统一的整体。

出身于一个医生家庭，好像学医才是我更自然的一个发展方向，但我深觉那不是我要走的路。我发觉自己总是通过建造东西，用我的双手做事情而获得乐趣。

少年时期，由于父母认为我需要懂得一些生活中最基本的材料及运用它们的常识，每年暑假我都会花一部分时间做木工、瓦工、铁匠。事实证明他们是对的，我一头扎进“手工乐园”里流连忘返。尽管如此，在那个年纪，我并没有意识到那是成为一名设计师的基础——“赋予物质以形状”。

令我意识到这一点的，是我高中的一位科学老师。虽然高中的课程与设计无关，但在最后一年里，老师给我们布置了一个简单的任务——设计一套公寓。这只是绘画课上的一个小任务，但我却纯粹地沉浸其中，就像周围的其他任何东西都消失了一样，我的思想不由自主地、深深地专注于它。那个任务给我带来了快乐、成就感，甚至有一股说不清楚的力量，因为我在塑造一个不存在的东西，那种感觉如此强烈，我至今记得，当时就决定进入佛罗伦萨大学建筑学院进修。高中那几年里，我绝对是一名再普通不过的，随时能被淹没在人群里的学生，因为我无法像学习设计那样投入别的科目。而在大学里出色的表现帮助我树立了信心，我深信那几年的经历是我后来能力的来源。

福建莆田大厝修复 / 中央庭院（设计稿）

福建莆田大厝修复 / 客房（设计稿）

## 来到中国，Area-17 建筑与室内设计的成立

2008 年，我所在的意大利设计公司要派两名建筑师到香港去经营分公司，那是我第一次到中国，它的国际化和多元化强烈冲击了我当时的认知。一年后，公司接到了一个商场项目，派我去跟进并设立上海分公司。那时候的上海对于室内设计的需求就像一块干海绵需要水一样，对新想法、新事物包容、开放、欢迎，简直是所有建筑设计师的梦想之都。

当时几个关系好的同事都是我佛罗伦萨大学的学长，有着共同的在中国工作的经历，我们一致认为这个国家的建设和成长速度是其他任何国家都没有的，这一定是一个可以实现梦想的地方！我们果断决定将项目的全部收益用于投资，一起创立 Area-17 建筑与室内设计（十七区建筑与室内设计）。Paolo Giannelli 决定住在香港，Enrico Tomidei 和 Andrea Iacono 搬去北京，我选择了上海，Federico Gigetti, Stefano Mariucci, Bruno Grasso 回到佛罗伦萨。就这样，Area-17 北京、佛罗伦萨、上海、香港、昆卡办公室相继成立了。我们也从此在这个充满机遇的土地上扎了根，想起当初离开故土，本以为一两年便会回去，转眼十四年，上海竟成了我的第二个家。

## 有需求才有设计，灵感不是我创作的开始

建筑设计与美术是非常不同的，比如绘画、雕塑、文学、诗歌、音乐和舞蹈。创作过程

对我来说并不是从“灵感”开始，就像在美术中一样，它是从需求开始的。没有需求，则没有必要设计任何东西。所以，这个过程是从研究需求开始的。它有很多方面：谁有这个需求，它的目的是什么，它的文化背景是什么，环境背景是什么。设计过程的这个部分十分关键，非常有趣且极具吸引力。当然每个设计师都应带着自己对事物的认知介入设计，提出可选的解决方案。在这个过程中肯定有艺术的一面，因为审美是其中的一部分，这部分是每个设计师最能表达自己的地方，但同时，它只是其中一部分。因此，它不是真正的灵感，而是对目的、需求的深刻认识。设计师并不能只为自己设计，也不能为了满足自己而设计，只有满足了需求，设计才有意义。

对于我而言，研习需求，研究人，研究背景环境，是创作过程的燃料。在这之后我脑中通常会涌现出大量的想法、草图、参考资料、材料，等等，再之后就到了“大扫除”时间，很多这些最初的想法都是以过激的方式展现的。有一些会被我彻底抛弃，有的则需要想办法付诸实践、提炼和打磨。最后还有一个进一步简化的过程，我需要停下来，离开这个项目一两天的时间，然后再回到它面前问自己，这真的有必要吗？对于我来说最后一步是对项目改进最大的一步，去掉、删除不必要的事情突出了重要的部分，为设计赋予更多的力量。

## 前人的智慧，不可忽视

看看其他人为了满足同样的需求而做了什么是一样重要的事情。建筑和设计是非常古老的行业，人类的基本需求，我们的行为方式，我们相互联系的方式，我们感受和看待周围空间的方式，在过去的几千年里并没有发生根本性的变化。

忽视迄今为止前人所做的一切是自命不凡的。这个过程当然不是线性的，主要是循环的：大量的试验、后退、失败，关键在于坚持，而最终取得成功。

每个空间都有属于自己的故事，我们把这称为“场所精神（genius loci）”，它指的是一个地方的特征是由历史、形态、自然元素共同构成的，它还受曾经和即将生活在那片土地上的人所影响。

## 精品酒店——更精细化、个性化的度假需求

我们曾在欧洲和亚洲参与多家精品酒店的设计和落地，它们都有一个共同点，就是现存的小规模建筑，通常位于主要城市之外，都具有非常特定的当地文化环境。这些是设计师想要的完美要素，或者至少对于我来说，因为我最爱的工作的一部分是将自己与一个历经了几个世纪的空间联系起来，得以了解一些不同的、特别的生活方式，从而尝试为其加入我的贡献，将我的工作、我的想法融入很长的时间沉淀里，成为其中的一部分。

而将这些建筑调整为适应酒店功能本身的这个挑战，也是非常有趣和引人入胜的。

我的工作成果可以为未来入住的客人提供一种真实的、有意思的体验，因为在这个空间中，他们将与当地文化联系起来，他们会感受到它，他们会感觉自己不仅在度假，也是一位旅行者。

## 福建莆田大厝修复设计

客户九略的李先生是经大乐之野的杨先生介绍而找到我们的，与新客户开始新项目最重要的是相互信任，酒店作品周期长，过程复杂，有很多交流和挑战需要双方共同面对，客户和设计师需要密切的团队合作。信任不仅是基于彼此的职业历史，这当然是必要的，但同样也是非常基于个人的。我认为李先生的决策点是我们的文化背景。在意大利，我们沉浸在历史环境中，设计师的大部分工作都涉及历史建筑而不是新建筑，我们受到的培训不仅是掌握与修复相关的技术，而且更重要的是，如何关联、尊重和利用时间赋予这些文物的美感。

我们项目的重点是为游客提供非常本地和真实的体验。建筑本身、它所在的村子、周围的自然环境都包含了极其丰富的可以在空间内使用的元素，以便为游客带来强烈而独特的体

福建莆田大厝修复改造前

验。因此，该设计完全是在以现代方式开发这些当地元素的基础上发展起来的。村子清晰地展现出不同时代层次的风格，每一层都很容易区分，又相互关联，形成了连续的叙事。我们的项目目标是在这个叙事基础上增加一个篇章。

将建筑从一种功能转换为另一种功能总是一个挑战，因为它不是为我们目前设计的功能而创建的。但这也绝对是创造非常规空间的机会，它也能真正帮助我们为客人提供原汁原味的体验。此外，该建筑采用当地土坯、夯土墙、木结构等材料和工艺建造，处理这些建筑的技术并不简单，需要大量的关注和悉心照顾，它确实极大地限制了对原始结构的修改。由于上述原因，将建筑系统更新为现代生活方式的空间给项目增加很大难度，这些挑战同时也令该项目更有吸引力。

这种项目需要我们花费大量的时间，由于发自内心的喜欢，对每一个解决方案细节的关注和努力，让我享受项目的每个部分。我们应用的一些解决方案甚至是不可见的，但由于它们是我们不断研究、学习和尝试的结果，这仍让我们获得满足感。从美学方面看，这座建筑是一系列非常奇特的空间。

从公共街道出发，需要通过原始的石板路到达，两侧是大而深的小“运河”，在下大雨的时候发挥排水作用。这些“运河”环绕着所有的建筑。建筑本身是 U 形的，一个中央主体和两个围绕中央庭院的门廊翼，围墙向外，庭院壮观、私密。建筑本身会将人的视线引向深蓝色的天空。接待区和餐厅区的主楼是双层高的，传统的木结构暴露在外。结构产生两个私

福建莆田大厝修复 / 客房（设计稿）

福建莆田大厝修复 / 客房（设计稿）

人小庭院，供 2 个房间单独使用。所有房间由 3 个空间组成，由厚实的夯土墙分隔，视觉上非常有力量感。所有房间都面向中央庭院这一事实赋予了空间独特的亲密感和社区感。

就地取材，雇佣当地技工，优先购买当地村民的产品是整个项目的原则，为了环保，也为了支持村民。

## 珠海艺术酒店设计

“艺术酒店”这个概念本身就充满挑战，因为艺术和室内设计两者都是非常有力量的，且很有个性的存在，让它们同处于一个空间并不容易。最典型和安全的做法是创造“艺术画廊”那样的空间，室内设计扮演温和、中立的衬托角色，从而充分展示艺术作品的光彩。我们认为这个设计手法绝对安全并且容易实现，但同时这样做也将浪费一个绝佳的创造独特身份并能讲述它自己故事的空间。

当客户让我们大胆发挥自己想象的时候，我们决定基于不同的关键区域采用不同的策略，以达到不同情况下实现不同“艺术”体验的目的。

珠海艺术酒店 / 大堂的“像素”背景主墙（设计稿）

珠海艺术酒店 / 客房（效果图）

我们想在酒店入口处设置一个大型的建筑装置，以便立即向路人和游客展示酒店的艺术身份。我们的目标是将酒店内的公共空间与展出的艺术品，以及行为艺术表演紧密连接，这样它也能成为非酒店住客的“目的地”。我们想设置无论是永久还是短期的增强现实艺术装置，以创造非常容易根据需求和话题而改变的互动装置。

在室内，我们计划留出很大的面积以邀请艺术家专为该空间创作特定的艺术作品，可以根据艺术品类的需要来灵活选择是永久性还是临时性的。

在大堂里，我们计划用“像素”作为主墙的背景，这样每个艺术家都可以通过改变“点点”的颜色来定制自己的作品。

在这个项目中，我们专门在所有楼层的大堂空间对珠海标志性建筑进行艺术诠释，提供了与当地文化紧密联系的机会。

我们创造了一种强有力的叙述方式，将空间使用与艺术创作的过程和“时刻”联系起来。创作的开始，只是一个梦想、一个想法、一个直觉，这个梦已与项目的大堂区域联系在一起；梦境之后，艺术家会进行研究，探索如何表达自己的梦；之后便是创造的行为，把物质和材料聚集在一起做成与它们原本不同的新形态；最终会到一个展示阶段，艺术品将被公开以为广大观众所体验，从而活在经历过它的人的记忆里。

梦、研究、创作、展示和记忆，将成为酒店不同空间的关键体验，引导游客完成艺术创作过程中的所有时刻，这便是我们设计的“艺术盛典”。

对于我们而言，设计不仅是对样式、颜色或材料的简单选择，而是一个基于每个项目的需求灵活变动的过程。我们希望凭借多年来所积累的经验和知识储备来清晰表达客户的个性、期望及需求，而不只重视我们自身的审美偏好。

Area-17 Architecture & Interiors / 十七区建筑与室内设计
代表作品：Coop 大型购物中心，迪拜 Rove 酒店，Kapuhala 静修中心，阿里巴巴盒马机器人餐厅，腾讯工业互联网粤港澳大湾区体验中心，华润地产联合办公空间，Rossignol，意大利 Sixty 酒店。

# 为爱的生活设计

## 疫情下的设计思考

新冠肺炎疫情在全球范围内大面积反弹，国内多个城市连续出现了多个高风险区，以前在机场总是因为滚滚人潮心烦，而如今空空荡荡的航站楼、零零星星的旅客却让人感到十分的不真实和不安。恐慌和焦虑的确在这个时期时时刻刻地牵制和笼罩着人们。

而作为设计师，一个“设计只为美好生活”的设计师，是必须在特殊时期基于生活状态的思考去主动做一些专业工作的。以设计为媒介，我希望唤起人们对美好生活的欲望和情感热度，以及对朴素日常的关注和珍惜。同时希望用呵护、体贴和关照的设计情感去帮助大众解决各类生活问题。这些愿望当然都是以各类设计项目和设计产品来实现的。

所以自新冠肺炎疫情开始，DOMO 就开启了一个伊甸园系列的设计计划。这个计划是以后疫情时代的生活期待为设计出发点，试图打造一系列沉浸式的自然情境的体验空间，来和不同地域及不同生活状态的人，以及他们的内心情绪进行对话。DOMO 通过一系列的空间设计和产品系统的设计植入，力求打造一个充满自然和回归气息的空间，一个充满希望和美好氛围的空间，一个让人置身其中可以疗愈、释放、重新开启的空间。这就是 DOMO 的伊甸园系列的设计计划。

**赖亚楠**

知性工作、感性生活的著名设计师
北京联合大学艺术学院副教授
著名家具设计品牌 DOMO nature 创始人
北京赖亚楠空间设计事务所 设计总监
北京杜玛装饰工程管理有限公司 设计总监
北京杜玛壹家家具艺术有限公司 设计总监
北京实旎文旅创新科技发展有限公司 创意总监
时尚媒体专栏作家

伊甸园计划之“灵犀空间”

在钢筋混凝土的森林里，月光再亮却也无华，鸟儿鸣唱却也无韵，听雨无趣，观雪无味。享受了现代物质的便利，却失落了自然的梦。倡导“最生活”的 DOMO life 与您灵犀相通，将您的夙愿通过“灵犀空间”变成现实，在这里，我们可以和林间的鸟儿一起欢唱，尽情地呼吸。

灵感来自一次有趣的雨林旅行，参天大树，遮天蔽日，山峦起伏，层层叠叠，溪流潺潺，蜿蜒曲折，不时有被惊扰的小鸟群起飞舞，还有一颗颗圆润饱满的小蘑菇在丛林中恬然如梦。一切都是那么美好和灵动。自然之美乃大美！

灵犀空间

## 在学设计、教设计、做设计中成长

在中央工艺美术学院环艺系毕业后，我当了大学老师，在教学的同时自己一直在做设计，包括室内、景观、建筑，当然还有家具产品。现在看来在专业上，我是一点没有浪费——学的是什么，就教什么、做什么。

让我比较欣慰的是，我现在的创作状态是手跟不上脑，每天在生活中有很多东西都会给我触动和灵感。这种触动，在歌唱家那里变成了音乐，在我这里就本能地变成了一个个的形象，当这些形象和功能很好地结合在一起的时候，它就是一个个空间或产品。所以我觉得灵感是源自生活本身的，设计是源于内心本能的。很多人都说在我设计的作品里能强烈感知到东方的语义。因为我生活在东方，在中国，因此这种文化是根植在我内心的，我由衷地理解与接纳。而这种文化背景下所呈现的美感自然也是我特别想要表达的。当然，文化中的韵味和气质的表

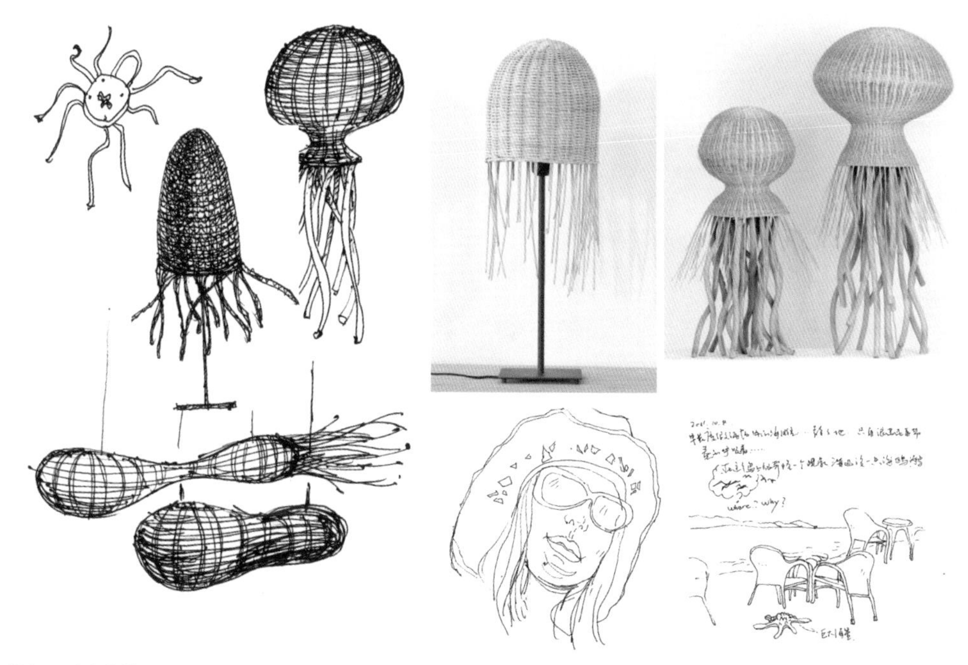

旅行写生与创作

达并不是那么好把握的，它需要修养和感觉。形神兼备才是“美”。所以，设计师一定要找到自己内心的文化属性，寻求那种文化的归属感。我们用母语说话才能表达得最精准、最纯粹。

所以在日常生活中我一直处于一种观察和感知当中。这并不是出于一个设计师的职业本能，而是一种很自然而然的生活本能。拥有这种生活本能，你才会去本能地设计。好好地生活就是我最大的爱好，像看电影、看书、旅行、做饭、吃饭，包括满世界收集一些不实用的玩意儿。所有的这些爱好都是好好生活的呈现，包括设计。

日月轮转，岁月沧桑，每一次旅行都是一段经历，每一处风景都有独特的韵味，每一件藏品背后都凝练着不寻常的人生。式样古老的门楼亭子，陈迹斑驳的旧式箱包，工艺精湛的雕刻摆件，憨态可掬的毛绒玩偶……让人仿佛走进历史博物馆。打动我的，除了物品本身的历史感，还有为制造物品所倾注的心力和修为，这些都是灵感不枯竭的来源。收藏表面看是一种喜好，实际是一种心境，每一件藏品都有生命力，是人与自然、人与社会、人与历史交融的默契。而这种默契，能激发出更多对美的精神解读。左手收藏，右手旅游，我和我的“DOMO nature”就是这样一路走来的。看似悠游的旅程，实则蕴藏着视野的拓展和学养的积淀，广泛涉猎知识门类，深入体验普通百姓的所思所虑，正是一个设计师工作与生活状态的写照。

## “DOMO nature”——传统价值 + 工艺技巧 + 创新表现的人文设计

从空间设计，到产品设计，再到做一个商业品牌，很多人认为这是在不断地跨界，而我只认为这是设计的基本原则。1998 年，我在国内最早提出了“一体化”系统设计的原则。此后我们也一直在坚持这个设计原则。“DOMO nature”展现的是生活方式，我们生活中衣食住行所有内容和我们的行为方式都是发生关联的，这些都将作为系统设计的工作内容。

### 气韵：中国风的传承

品牌创立的初衷是希望向西方人传达中国的设计理念和原创精神。期望西方人不仅仅在视觉上被中国风采所迷醉，更加深刻的愿望是希望他们能够理解和认同东方文化的内涵和思想。产品一经推出就以鲜明的东方气韵赢得了市场的认可。对初出茅庐的 DOMO 来说，惊喜之外更多的是坚持传承中国风的信心。从造型到布局，从材料到工艺，我们在传统中国文化的现代转向上倾注了大量心力。如何抽离出中国传统设计的气韵和精髓，使之与现代设计的简洁大气融会贯通，通过东西方文化交流与融合，创造

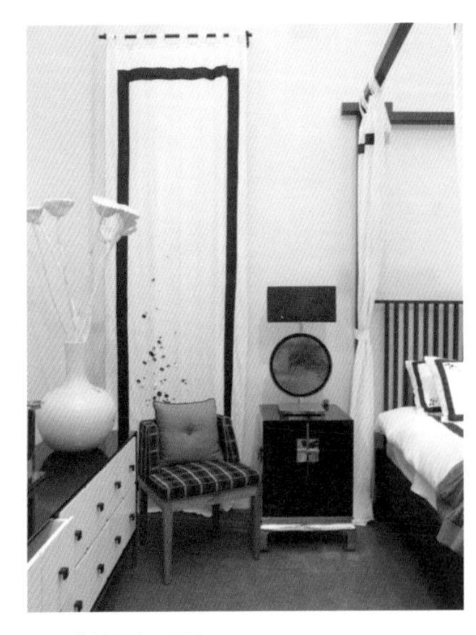

“明韵清风”系列

“黑白意象”空间

出属于当代中国的家居设计风格，使中国设计成为世界财富，是“DOMO nature”始终关注问题。

DOMO 的设计朴素、含蓄、低调，有深邃成熟的设计哲学和文化观念 。既完整表现了现代家具的功能意趣，又渗透出古朴厚重的中国风尚，使“DOMO nature”给人留下的总体印象清新而典雅，内敛而高贵。几年来推出的系列产品在总体统一的语言和调性下，自成一体又各有表达的方向。2004 年，“DOMO nature”推出了第一个系列“黑白意象”，立即在法国获得了认可。此后又陆续推出了“明韵清风”“融力”等，“DOMO nature”在中国传统文化的当代建构上一以贯之地进行着探索。

推出的系列产品既在设计理念的诉求之中又产生于特定的机缘，每个系列都有耐人寻味的故事。我们希望可以从骨子里挖掘中国文化的精髓，并用现代的设计语言和表现手段来表达出一种精神气质。由于当时工艺手段的局限，“黑白意象”这一系列全部采用传统手工大漆工艺和传统木制榫卯工艺，并以最简洁语言表现出最具代表性的中国传统明式家具元素的风骨，既突出了明式家具劲挺、大方的格调，又散发出现代简约的时尚风情，而醒目清朗的黑白无疑是诠释这组作品最佳的选择。制作工艺中运用了平板明榫角接合、方材丁字形接合、方材角接合、直材交叉接合等传统实木榫卯接合工艺。饰面中采用了传统的大漆髹饰工艺，木板上经渗漆、裱制、刮漆灰、打磨后再经髹漆细磨、推光出底板，局部运用了漆器中的蛋壳镶嵌工艺，表现出独特的工艺肌理效果。原料天然环保、无毒无味，而大漆工艺处理后散发出的特有的温润、亲切的触感，体现出尊重传统、向往自然的理念。

“融力”系列源于对材料的兴趣，为实木与金属结合的家具，以突出自然力量为主题。家具让材料自身的美感和质感充分流露，又结合了形式感强烈的现代金属雕塑语言，作为家具的结构支撑，彰显强悍的气质。木作部分的制作工艺中依然运用了明式家具的榫卯结合的工艺，坚实稳定。金属则采用电焊工艺，体现特殊的材料及工艺面貌。整套家具流露出品质高贵、品位独特、充满创造性的艺术气质，功能实用，结构严谨，充满气势与力量。

“绿色”系列是从环境保护的角度进行的思考，很多产品是利用废旧材料和垃圾进行的回收改造。2010 年推出的“明韵清风”系列源于对中国传统文化缺失的现状的焦虑，力图通过产品设计建立中国文化的自信。实木家具与不锈钢及铁艺结合，秉承“传统价值 + 工艺技巧 + 创新表现手法”的宗旨，力图将传统明清家具的结构及造型语言转化为新的美学要素。

2011 年推出的“人文”系列，旨在借此重温文人雅士沉静而从容的生活情怀，凝结了对生活美学和生命哲学的思考。赖亚楠希望，这种对传统的尊重和继承能呼唤起大众对中国历史和文化的认同。

每个系列都有一个清晰的定位，但是在设计理念上是一脉相承的，那就从中国传统文化上下功夫，做具有中国自己文化属性的产品——“DOMO nature”流淌的是中国血脉。“耐看”是一个好的评价，而这种耐看实质上得益于产品背后蕴含的文化内涵。DOMO 希望“这些东西能够传达一种精神，传达我们中国传统家具文化的精彩瞬间”。传统文化是设计的灵感源头，中国传统文化的经典和合理散发出的能量历久弥新。这些年来我们经常会在身边发现很多让人啼笑皆非的现象，比如大江南北几乎所有的高端住宅用于销售推广的样板间几年间都经历了将美式风格、欧陆风格到欧式新古典或者简欧乃至地中海和托斯卡纳风格一网打尽的过程。所谓的“风格”应有尽有，但是独独忽略了和这些产品发生关系的人的地域背景和土壤的属性。这种剥离了最适合自己的血脉和养分，用囫囵吞枣的方式嫁接文化和生活方式的行为其实是一种幼稚的移花接木，也是一种粗暴的对自身文化的否定。

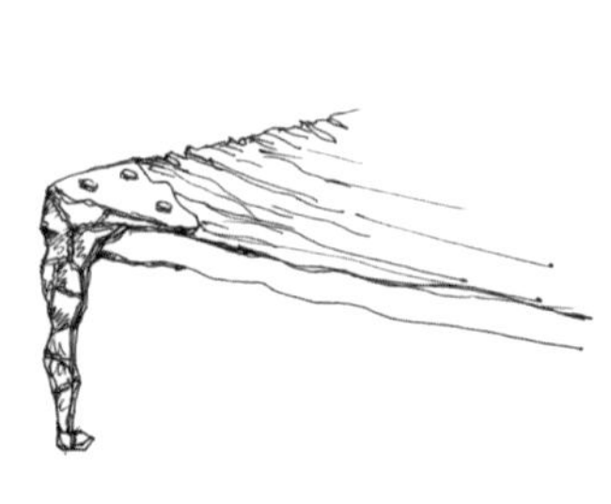

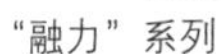

“融力”系列

DOMO Space（庭院）

中国传统诗书画中“计白当黑”的意境在“DOMO nature”得到了充分的展现。生活空间的闲适静谧和工作空间的激情碰撞恰到好处地合二为一，自然而和谐。

我认为设计不仅是设计产品，而是设计一种生活方式。一件产品置于空间中对人的行为是具有引导性的。所以我希望通过“DOMO nature”推动中国更广大的消费者对精致生活的认知，而更深层的意义则在于提升中国民族文化的自信力。其家居产品设计正是通过“家”这样的个体化环境的温馨营造，广泛而深入地唤起大众对真实生命的尊重。

## 意境：一体化的创造

早年因为自己在空间环境设计中找不到匹配的产品而产生的苦恼，使我萌生出自己打造所需产品的想法，并由此逐渐形成系统设计理念。完成空间规划的迫切需要，以及市场产品单一的状况和缺乏全球采购条件的现实，使我越发感到一体化设计的重要性，也越来越清晰地认识到“优秀的设计师应坚持用‘整体化设计’的理念在一个空间项目中保持同一种格调、同一种设计精神的延续、同一种解读审美的价值观”。

对项目空间的特殊要求决定了一体化设计构想的产生。作为一个设计师，希望能掌控从规划到建筑、从家具到艺术品的整个过程，这样的设计才能实现空间物境、情境、意境的统一。在“DOMO nature”，客户不必再为家居和摆设风格的统一而大伤脑筋，“DOMO nature”的量身定做会帮助客户尽可能实现最合理的配置。另一方面，“设计一体化”可以减少房子在建造的各个环节中，因各种不专业和理念的冲突而造成的不必要的浪费。

在《陈设艺术与空间“一体化”设计的关系》这篇文章中，我对“一体化”设计原则的重要性进行了完整的阐述：设计除了主题明确、语意清晰，在保障功能舒适的前提下，应注重气氛的营造、情境的表达、意境的体验。一件优秀的当代空间设计作品，已无关乎比例、材料、工艺性的把握，而在于表达理念和感受，让在空间中有行为关系的人产生与之情绪相关的意境。因此“一体化设计”不仅仅限于通过各种技术组织物境的手段来满足行为功能的需要，而是要利用被组织好的物境这个载体去表达符合人类心理需求的情景，从而产生意境的联想，即空间设计能让心灵产生呼应，提升生命境界，设计的不是空间而是“空间场”。如果“适合”是设计能够达到的理想状态，那么“一体化”也许就是实现“适合”的最直接的方式。

因为每个空间的个性不同，“DOMO nature”推出的产品品类之复杂。“DOMO nature”每年会推出一两个完整的系列，至少有四五十件产品。因为每一个空间都有独特的美，都需要独特的能与之匹配的产品来实现整体设计的效果，这一点在中国即使在专业领域也没有被完全认可，所以才会出现软装公司遍地开花的尴尬状况。设计时需要考虑整体性，大到环境设计，

DOMO Space（茶书空间）

DOMO Space

小到服装设计、产品用具，在专业角度上并无二致。设计是贯通的，如果你对人性有理解，对心理需求有理解，对生活方式有理解，就可以设计任何东西。因此，一个好的建筑师一定也可以成为一个好的产品设计师、服装设计师。空间需要什么就做什么，也许这是“DOMO nature”最独特的地方。

我理解的设计不是技术，而是对人性的思考和理解，设计是这种思考和理解呈现出来的表达方式。作为设计师，有必要为提升大众整体的对设计的认知和审美品位服务。与单纯做室内设计相比，产品研发需要投入成倍的时间和心血。因此“DOMO nature”的一体化设计显然使其在经营上面临着更大的挑战，也意味着更大的心力和体力的投入。

## 风骨：可持续的未来

中国文化讲究气韵，更追求风骨。对于设计师来说，设计的精神与导向是品牌当下成功的关键，更是品牌长久发展的保障。“DOMO ”是拉丁词头，是关于“住”和“家”的集合词，“DOMO nature”中强调了 nature，有两个层面的意义，一个层面是倡导健康的生活观念，希望人们表达源自内心最本能、最本色、最原始、最质朴的需求，而不是为了虚荣和攀比将选择关注在物质化层面，另一个层面是主张打造环保和绿色的产品。“DOMO nature”产品，始终坚持将自然、和谐、美感及独立个性的创造融入每个功能空间中，并使现代人能充分体悟设计所带来的兴奋、愉悦和便利。设计取之于自然，用之于民生，最终要返还到自然中，成为生态环境的一部分。因此，设计师对我们赖以生存的自然必须心怀敬意。设计本身就是一项关注社会的行为，要利用意识和技能对社会和大众生活作出积极正面的改变，这是一个设计公司的社会责任。“DOMO nature”品牌的名称是对这一理解的最佳注脚。

自然、环保、循环、再利用，不以破坏资源、浪费能源为代价是 DOMO 设计和选材的宗旨。DOMO 设计的几个系列作品在历届中国国际家具展上获得各类金银铜奖，其作品都是绿色设计的呈现。枯荷朽木、火山石、电线杆上的瓷葫芦、废弃的金属管线……“DOMO nature”的很多产品取材于垃圾场的边角余料，令人难以置信。去粗取精，变废为宝，有了美好的创意，即使尘埃里也能开出绚烂的花朵。

自然之美无法超越，在“DOMO nature”，从自然界的动植物形态中取材的例子不胜枚举，在设计材料的选择上，也一直紧紧围绕着环境保护的主题。因此，“DOMO nature”的家具设计给人返璞归真、亲切自然的感觉，棉毛材质的触感，木质纹理的古朴，手工温暖的回味让人自觉地产生对家的依恋。“DOMO nature”的产品不仅在选择材料上环保，在加工上也尽量减少对环境造成的污染。也许这就是“DOMO nature”作为中国品牌能够成功进入国际

品牌 logo 设计

Minihouse 度假屋

市场的原因。设计的成功，不仅在于销量的上升，更在于对客户心灵的触动。而源于自然不事雕琢的这份纯真使 DOMO 产品积蓄了动人心扉的力量。

谈到设计项目选择的标准，不仅仅要考虑项目的商业定位，尊重甲方的意向，而且一定要对项目有所追求，我们很看重商业价值以外的附加价值，例如民生意识、环境意识等。另外，设计师一定是好的心理学家，要能够通过自己的专业能力去整合和提升甲方的设计定位。在整个项目进程中，DOMO 坚持控制各个环节，现场监督和指导施工，反复调整直到满意为止。不遗余力、不计代价，对后期的完成效果精益求精，倾听每一个反馈，不熟悉的项目决不接手。

## 结语

我 1996 年正式入行，至今已有 26 个年头。作为一位设计老兵，最想通过自己的品牌向大众输出传统价值 + 工艺技巧 + 创新表现的人文设计。同时“DOMO nature ”的原创作品充分表达了作为设计师的品牌创始人的内心世界，以及他们对现代人衣食起居的看法。其设计理念强调体现中国的东方文化精神及文人情结，尽可能地表现材料本身的语言美感及环保特质，并将“唯美”坚持到底。

我们始终认为，好的作品应该是对人的生活有所“启示”的。所以设计是必须要讲述人的感受的，比如光、声音、气味，乃至情绪等，并将其具象化。因为设计是一种有力的工具，可以解读任何事物。设计直接影射的是社会问题，设计是改变社会的有力工具和武器。因为中国设计的当下与未来从来就不能分开，建立健康的消费观和价值观迫在眉睫。

未来可期，我们一直在探索、创作和实践着。

# 场所遨游的设计之美

## 写在前面

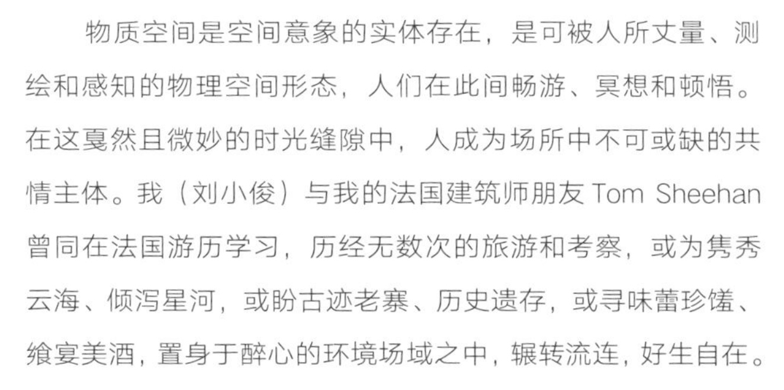

物质空间是空间意象的实体存在，是可被人所丈量、测绘和感知的物理空间形态，人们在此间畅游、冥想和顿悟。在这戛然且微妙的时光缝隙中，人成为场所中不可或缺的共情主体。我（刘小俊）与我的法国建筑师朋友 Tom Sheehan 曾同在法国游历学习，历经无数次的旅游和考察，或为隽秀云海、倾泻星河，或盼古迹老寨、历史遗存，或寻味蕾珍馐、飨宴美酒，置身于醉心的环境场域之中，辗转流连，好生自在。

Tom Sheehan

建筑师

origin 事务所创始人

刘小俊

建筑设计师

空间设计师

origin 亚太合伙人

刘小俊设计师事务所创始人


因为工作的原因，我们为了探寻场所更深的人文精神，寻历过建筑工地并思索着城市建筑的脉络，有时候甚至会影响着我们对项目的择取。我不曾领会“场所环境的变迁会潜移默化地影响人、改变人”这句话语暗含的深意，直到 2013 年在同在巴黎南部闲游的盛夏，Tom 说：“场所的云游充斥着新鲜事物，诸如新地域、新人文、新风俗等设计美学元素，弥合着人内心的迷惘与怅然。人的视知觉最先触碰到造型与色彩，给予全身极度敏感的讯号，如同触电的场所感应，逐渐传递到听觉、嗅觉和触觉，这便是场所给予人的第一印象。”基于对浪漫国域真切的场域亲历和历史人文感知，我们对场所的第一印象，仍然不断抒写着其中的设计美学境遇。

若干年后，我返回祖国创建建筑设计工作室，开始了国内的设计冒险，Tom 将法国视作“第二故乡”亦开拓建筑设计事业，我俩的设计渊源，划过青春的光阴和新冠肺炎疫情的藩篱，持续交叠着。在游历场所经验和持续设计实践的今天，我渐渐了然这样的道理，有种中国道家“天人合一”的意境：场所环境在变化流转的过程中，触发着人的好奇与机警，材质肌理、纹样色彩、空间质感等元素，散发着令人魂不守舍且欲罢不能的“费洛蒙”，微妙且瞬时间，人便成为场所不可或缺的组成部分，无意识地生长在新环境中。或许，某一次场所的探寻会深深植根于人的内心，影响着人与人之间的交往与羁绊，启发共鸣并涤荡灵魂。而这，便是我们不懈追寻的“设计之美”。

## 感想之漫游

法国南特足球俱乐部（法国南特，2017）

南特是法国西部最大的城市和法国第六大城市，城市主体坐落于卢瓦尔河下游北岸，拥有典型的温带海洋性气候，终年温暖湿润，降水均匀且气候宜人。作为布列塔尼地区历史上最重要的城市，南特在 2004 年便被时代杂志评选为欧洲最适合居住的城市，并于 2013 年获得由欧盟委员会颁发的"欧洲绿色首都奖"。在这里，一年一度闻名遐迩的国际古典音乐节“疯狂之日”(Folle Journée)，涵括超两百场高品质的古典音乐盛会，还有形形色色的喜庆节日、节庆活动和电影影展，涉及历史、文化、自然、运动等各个方面。2017 年，南特足球俱乐部在我们的努力下得以孕育和绽放。

毫不夸张地说，这个项目是令人血脉澎湃的“场所感想漫游之旅”。激情释放、欢呼雀

法国南特足球俱乐部 FC Nantes 整体鸟瞰图

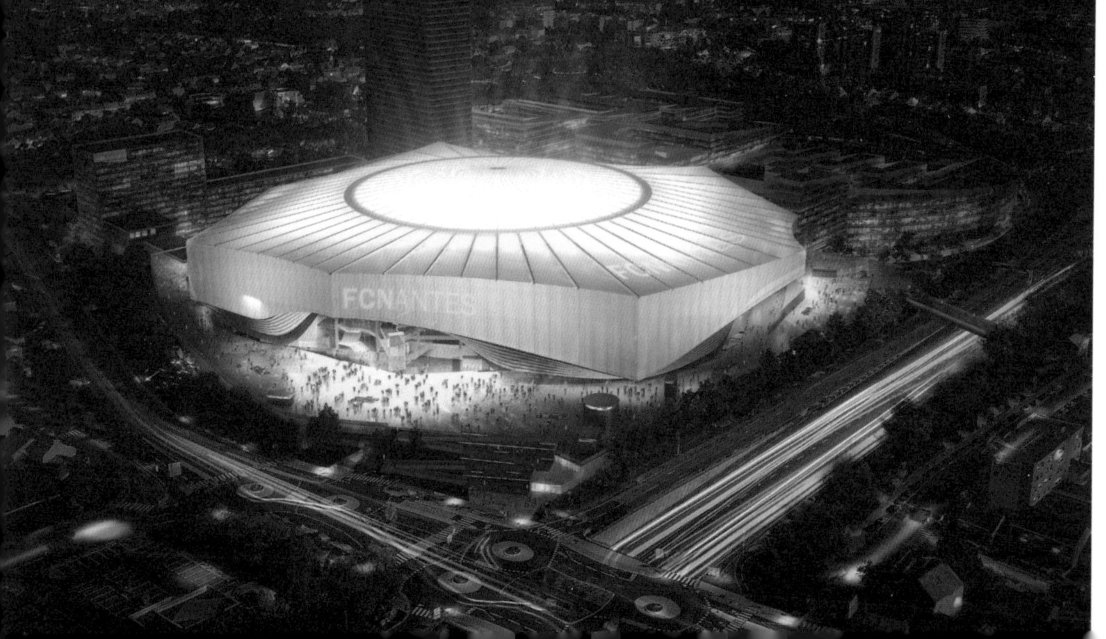

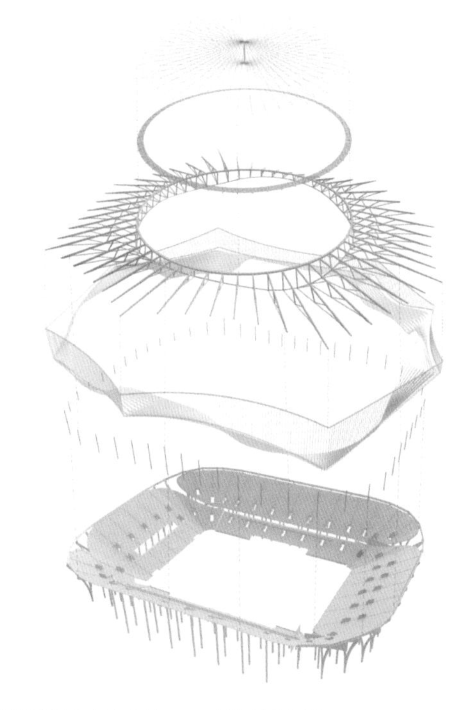

法国南特足球俱乐部 FC Nantes 顶部结构剖析

跃和团结奋起的体育精神被巧思到谦逊的场所表皮和建筑构造之中，并将整体的设计理念核心界定为“使用舒适度”和“低碳环保性”。我们将整个体育场与周边自然地势环境进行设计手法的耦合，使其与外围广场及通往入口的坡道、楼梯共同展现出自然的空间层次，巧妙地隐藏了停车场等建筑物的结构基础设施。体育场东部与中央广场相通，广场上设计有餐馆、商店、博物馆，具备恰如其分的服务属性。值得一提的是，场馆拥有多个不同的入口，每一个入口匹配了专属的立面效果，这将让每一位到访者感受到俱乐部为自己量身定制的在地服务体验。

整体项目是集体育场、休闲广场、特色商业于一体的文体综合体，总建筑面积 45000 平方米，充分将场所人文与自然生态进行融汇。体育场屋顶由 25500 平方米的固定钢结构和 12000 平方米的中央伸缩屋顶构成，让整个体育场充分利用自然光和天然通风系统，即使是在风雨交加的天气，球员和球迷也能够舒适地尽情享受精彩赛事。屋顶的固定部分设计安装光伏太阳能板，既可以为球场供电，也可以满足周边设施用电需求。此外还统一安装了雨水收集再利用的环保循环系统，是我们对这种古典城市谦逊精神的最佳设计回应。

## 上海浦东政治学院（中国上海，2005）

众所周知，受江南传统吴越文脉与西方工业文化洗礼的上海，拥有深厚的近代城市文化底蕴和众多历史古迹，是世界上规模和面积最大的都会城市之一，而浦东新区是上海市最大的行政区。我们感怀这座城市革新包容的精神意趣，并积极考量着如何将“传统中华精髓风貌”与“创新教学场所衍生”进行设计的全面建构和视觉呈现。

我们深受中国传统书塾的诠释和启发，大胆地将现代设计手法与传统书案和古典文房四宝相结合，“书案”外墙采用中国传统红色渲染，巧妙地将上海浦东政治学院的办学理念形象化。300 米长的书案不仅具有中国风格，也彰显了工商管理领域国家级高等学府的特征。当人们变换角度，从学校花园中品析该建筑，会发现“书案”的桌脚如同雕塑一般隽秀伫立，使建筑物体态更加稳重而不失韵律。行走在校园间，那一抹令人辗转流连的“中国红”，是空间主体，亦是场所底色，一旁 8 幢校舍宛如 8 本

上海浦东政治学院 Celap Academy

中国传统红色渲染的“书案”桌脚

打开的书卷卷轴，静卧于院区人工湖的西北面，给予场所体验的观照。

国学内蕴的挖掘，相较视觉观感更令人向往。我们深入探究了“五行学说”，在被广泛用于中医诊疗、堪舆命理和相术占卜等方面的中国典籍中，“金”代表敛聚，“木”代表生长，“水”代表浸润，“火”代表破灭，“土”代表融合。“五行”包涵阴阳演变过程中相生相合的基本动态，并显映在校园景观设计部分，借由注解世界万物的形成及其相互关系，即事物的运动形式及转化关系的“整体、和谐和统一”。项目占地超过 80 公顷，整体功能涵盖教学楼、图书馆、体育场馆、食堂、学生宿舍和校园景观等，就项目规模、细节和挑战性而言，历时 25 个月的概念设计直至落地完工的全过程，饱含着我们对中国传统人文的无限敬意。

## 感触之周游

### 塞班岛兰博基尼酒店（塞班岛，2017）

塞班岛兰博基尼酒店位于西太平洋北马里亚纳群岛——塞班岛总督山的暖柔沙滩，占地 20000 平方米，建筑面积 12000 平方米，包含 198 个客房及相关服务业态。这座北马里亚纳群岛中面积最大的岛屿拥有稳定天气和充沛阳光，令此处成为阳光爱好者及水上运动爱好者的天堂。在 2014 年初次踏上这片海域的那一刻，塞班岛便令我心驰神往。

塞班岛兰博基尼酒店

机缘巧合，我陆续认识了岛上一些志趣相投的伙伴和合伙人，在无数个日与夜的勘探和遐思后，我萌发了这场“周游塞班岛”的设计构思。项目通过对场域周边细致的调研，包含日晒光照、日落潮汐和风力走势等数据验算，尽可能让更多的体验者感受到如此的海风低吟和雨林浅唱，带来不可比拟的精彩体验。灵感源于对地形、风向、海景的全面考量，将体块错落堆叠的模块化、恰当的垂直动线和宽阔的视线获得，嵌入起伏的地形中，以展现太平洋海岸线的绝佳景致。项目配套提供滑浪风帆、潜水、浮潜、水上快艇、拖伞及钓鱼等各类水上活动，让人具备感触海浪、周游群山的在地体验。通过搭建极具通达性的户外观景栈道和平台，将当地迷人的自然风景和质朴的风土人情，囊括于四处存在的交通网格中。试想一下，你们可以或独自品析，或相伴无言，或依偎拥吻，去触碰和感知这独属于自我的日光与风吟。

设计中最值得一提的，是首次尝试设计出模和施工建造室内的卫浴器具和采光灯具。我曾笑言，这虽说是出于自我的“选择纠结症”对无数次选材不满意的“无奈之举”，却一定程度上奏鸣了整体建筑设计与单体器物设计的和谐韵律。天然原石与浅色釉面材质的结合，采用整体建筑形态进行定制加工，光洁的釉面纹路回应着海风的娓娓道来，多次试验终成就最后的一次成型构造系统，这便是设计的无限魅力。

塞班岛兰博基尼酒店

“利有诚”沉浸式餐坊

## “利有诚”沉浸式餐坊（中国武汉，2021）

对于英雄城市“武汉”的概述，在此我不想做过多赘述，谨以“利有诚”沉浸式餐坊的设计语境纾解我对故乡的情感。城市演进与既有文化交互的过程中，更具鲜明符号特征的场所设计美学，裹挟着生活气息、文化元素和在地属性，弥合着新冠肺炎疫情时代下城市濒临消失的社会情感。这样的场景，是中国城市千城一面背景下的一抹沁人心脾的甜，从城市记忆载体中汲取情感养分，来孕育滋养高楼商厦与错落旧楼的感触和情愫。

“利有诚”的设计通过对城市在地文化要素的提取，将情节关联性与故事建构性结合，还原老武汉代表性地标，从少男少女爱情起点的“江汉路天桥”，到历经离愁悲欢的“京汉火车站”，从心向往之的“武大牌坊”，到见证百年岁月的“江汉关码头”，不断挖掘着“武汉故事”，将英雄城市的宏大画卷，赋予在地的观者更为厚重的感染力。将引起共情的叙事场景置入纵横动线、空间次序及视觉元素中，物质空间的叙事结构被打散重组、自发生长，叙事主体和场景转译出情感与记忆的载体，通过“共时性”“多事件”和“同空间”，将多场景跨时空堆叠，唤醒城市中社会关系与集体意识的裂变。

“利有诚”沉浸式餐坊还原老武汉百年岁月的地标印象和市井市集，斑驳的石板墙、市井的旧街景，在超高跨度和尺度的城市中心内，糅合着人们旧时的生活场景，绘制着棚户区自由生长的非常规空间。此外，在方案设计的细节上，梳理城市背景，整理现代历史上“大武汉”概念的出现与延伸，从城市文化背景、时代背景、建筑风格、街头文化、社区文化、小吃文化、品牌文化、牌匾沿革和方言语系九方面进行剖析，展现城市发展与社会情感的前世今生。从本土化族群性的在地属性出发，通过故事化空间和场所性记忆，策划不同主题的文旅服务与产品，营造社会情感意象并持续输出城市文化。

## 感应之云游

### 巴黎王子公园体育场（法国巴黎，2018）

谈到这个项目，不由得感叹设计施工中最苦恼的环节：务必在施工期间，保证每一个赛季的每一场赛事都正常进行。想在完善设计环节和保证人员安全的前提下做到这点属实不易。

巴黎王子公园体育场 Parc des Princes

巴黎王子公园体育场 Parc des Princes

在多方考量和权衡下，我们对体育场内的每一平方米都重新做了规划设计，精细到每一条交通动线和每一处变化可能。

实质上，项目的设计主旨是改善俱乐部的运营条件，给予各类不同来访者最优质的赛事服务体验，以更新巴黎主场球队的身份特征。体育场内最靠近足球场地的位置新增了两行观众席，更换了原有观众席的所有座椅，为球员们在最靠近场地的地方新增了专属长椅。VIP 座席从原有的 1200 座增加到了 4500 座。球员们的更衣室焕然一新，新增的球员热身室和治疗室更是为球员赛前的准备和赛后的治愈提供了全方位的服务。此外，圣日耳曼球队的专属博物馆设立于连接球场及主入口大厅的巨大中庭内，这让每一位来访者充分感受到球队的热情与精神。

我们充分考虑到来访者的不同需求，在体育场内增设有 VIP 休息室、会议室、餐厅和酒吧等设施，巧妙地将商务与娱乐融为一体，每一位来访者都可以在这里找到为自己量身定制的优质服务。试想你在场馆的某个局部空间畅游的过程中，似乎能感应到场所整体的某种回应和调性，这未尝不是“云游”的一次切实体验呢？值得骄傲的是，改建后的王子公园体育场，于 2016 年荣获“国际体育馆年度最佳体育场所”盛誉，为客户体验创造了国际新标准。

## LIMA 德勤培训中心（法国，2017）

“群山中匍匐着某个建筑，它顺应着山峦的走势和植被的栖息，虔诚地给予呼应。”这是我对 LIMA 的注解，起伏曲折的幅度激发出不断变化的循环，仿佛建立一个良性循环的在地精神，以永恒的激情推动无限的造物之美和向往的安宁。项目功能涵盖教学楼、图书馆、体育场馆、食堂、学生宿舍和校园景观等部分，设计以“家”为主题展开，将这里打造成一个适宜家人和朋友欢聚的场所。

从天空俯瞰，连绵起伏的形态勾勒出群山叠翠的轮廓，绿植草坪巧妙地装点着生硬的顶部肌理，建筑和场地通过邻接和特殊比例形成良好的生态系统，好似翩然起舞的丛林精灵。此外，我们将“自然场景”视为形式生成的总体原则，打造一种图解式的构图布局，以场地和环境营造为场域的流线组织，为设计提供了一个丰厚的结构框架。

为了创造建筑物的可持续性，设计团队围绕 24800 平方米的整体建筑面积，从建筑物朝向、屋顶造型、门窗位置和整体选材等各方面展开充分研究，大面积使用透明宽敞的玻璃幕墙，从而营造出各功能和动线的自然属性，建筑物也因此显得更加灵动开阔。

LIMA 德勤培训中心

LIMA 德勤培训中心

LIMA 德勤培训中心建筑立面

## 写在后面

“场所精神”是建筑学家诺伯舒兹于 1979 年提出的，对个体的地方认同感与建筑和室内设计营造的氛围做出辨析，“场所”即为个人情感的物化。身处后工业时代，场所文化认同的张力给设计美学带来了诸多思考和机遇。

通过设计可以传达恒久美丽的故事，为环境和人建立一种独特联系，它在浸透的某个瞬间，唤醒着人对场所沉睡的遐思，绽放出设计之美变革人心的力量。仿佛电影场景那样，从白天走向黑夜、从公开走向私密、从喧嚣走向低语，在某个短暂的转场，一种相由心生的震撼之感便会席卷身心，爆炸性的光芒得以闪耀。设计的真实和想象是相互滋养的辩证存在，三年多的防疫限制，我们无法自由出行，对在地场所亲身感触的期待比以往任何时候都强烈，物理屏障一定程度上限制了我们暂时的出行和交往，却无法阻隔我们对场所设计之美的向往。

或许你不是建筑师或设计师，这不重要，重要的是真实的在地经验和确切的心领神会。好比海滩上的日落、白雪皑皑的群山、某些让人叹为观止的建筑奇迹、某件颇有创意的艺术佳作，甚至是最新捕获的海胆的鲜美。你或穿越一片深邃林地，或模仿茶道的细致手势，或笨拙地跳起广场舞……无数场所旅行的平凡瞬间，或多或少驻足于我们的脑海中，漫游着、周游着、云游着，指引着我们走出迷雾，发现自我。

这便是，场所遨游的设计之美。

# 致谢

在此感谢为本书联合编著的优秀设计师
允许本书收录及分享他们的设计作品

同样对所有为本书默默贡献的
全球文旅住宿大产业博览会组委会成员
华中科技大学出版社编辑及
本书的采编负责人杨丹霞
致以谢意